雷公山自然地理综合实习指导书

贺　祥　顾永泽　蒋焕洲　编著

西南交通大学出版社
·成都·

内容简介

本书在对雷公山国家级自然保护区植物、土壤、岩层、生态系统等的调查基础上，设计了不同调查路线的野外实习内容与目的，详细介绍了在雷公山进行自然地理野外综合实习步骤与方法，帮助读者应用地理学理论和方法去分析、调查自然地理环境特征，学习地理环境系统的观测和分析技术，训练对自然地理系统的综合认识、分析能力。本书适用于地理科学、资源科学、环境科学、生态学等专业领域的高校学生和科研工作者，以及相关专业的管理部门工作人员，还可以作为中学地理教育工作者的参考用书。

图书在版编目（CIP）数据

雷公山自然地理综合实习指导书 / 贺祥，顾永泽，蒋焕洲编著. —成都：西南交通大学出版社，2015.1
ISBN 978-7-5643-3521-2

Ⅰ.①雷… Ⅱ.①贺… ②顾… ③蒋… Ⅲ.①山－自然地理－教育实习－雷山县－高等学校－教材 Ⅳ.①P942.730.76

中国版本图书馆 CIP 数据核字（2014）第 251538 号

雷公山自然地理综合实习指导书

贺　祥　顾永泽　蒋焕洲　编著
＊
责任编辑　杨　勇
助理编辑　胡晗欣
特邀编辑　柳堰龙
封面设计　米迦设计工作室
西南交通大学出版社出版发行
四川省成都市金牛区交大路 146 号　邮政编码：610031　发行部电话：028-87600564
http://www.xnjdcbs.com
成都蓉军广告印务有限责任公司印刷
＊
成品尺寸：185 mm × 260 mm　　印张：8.5　　插页：6
字数：230 千
2015 年 1 月第 1 版　　2015 年 1 月第 1 次
ISBN 978-7-5643-3521-2
定价：24.00 元

凯里学院规划教材编委会

主　任　张雪梅

副主任　郑茂刚　　廖　雨　　龙文明

委　员　（按姓氏笔画排名）

丁光军　　刘玉林　　李丽红

李　斌　　肖育军　　吴永忠

张锦华　　陈洪波　　范连生

罗永常　　岳　莉　　赵　萍

唐文华　　黄平波　　粟　燕

曾梦宇　　谢贵华

办公室主任　廖　雨

办公室成员　吴　华　　吴　芳

总　序

　　教材建设是高校教学内涵建设的一项重要工作，是体现教学内容和教学方法的知识载体，是提高人才培养质量的重要条件。凯里学院 2006 年升本以来，十分重视教材建设工作，在教材选用上明确要求"本科教材必须使用国家规划教材、教育部推荐教材和面向 21 世纪课程教材"，从而保证了教材质量，为提高教学质量、规范教学管理奠定了良好基础。但在使用的过程中逐渐发现，这类适用于研究型本科院校使用的系列教材，多数内容较深、难度较大，不一定适合我校的学生使用，与应用型人才培养目标也不完全切合，从而制约了应用型人才的培养质量。因此，探索和建设适合应用型人才培养体系的校本教材、特色教材成为我校教材建设的迫切任务。自 2008 年起，学校开始了校本特色教材开发的探索与尝试，首批资助出版了 11 本原生态民族文化特色课程丛书，主要有《黔东南州情》、《苗侗文化概论》、《苗族法制史》、《苗族民间诗歌》、《黔东南民族民间体育》、《黔东南民族民间音乐概论》、《黔东南方言学导论》、《苗侗民间工艺美术》、《苗侗服饰及蜡染艺术》等。该校本特色教材丛书的出版，弥补了我校在校本教材建设上的空白，为深入开展校本教材建设积累了经验，并对探索保护、传承、弘扬与开发利用原生态民族文化，推进民族民间文化进课堂做出了积极贡献，对我校教学、科研和人才培养起到了积极的推动作用，并荣获贵州省高等教育教学成果一等奖。

　　当前，随着高等教育大众化、国际化的迅猛发展和地方本科院校转型发展的深入推进，越来越多的地方本科高校在明确应用型人才培养目标、办学特色、教学内容和课程体系的框架下，积极探索和建设适用于应用型人才培养的系列教材。在此背景下，根据我校人才培养方案和"十二五"教材建设规划，结合服务地方社会经济发展、民族文化传承需要，我们又启动了第二批校本教材的立项研究工作，通过申报、论证、评审、立项等环节确定了教材建设的选题范围，第二套校本教材建设项目分为基础课类、应用技术类、素质课类、教材教法等四类，在凯里学院教材建设专家委员会的组织、指导和教材编著者们的辛勤编撰下，目前，15 本教材的编撰工作已基本完成，即将正式出版。这套教材丛书既是近年来我校教学内容和课程体系改革的最新成果，反映了学校教学改革的基本方向，也是学校由"重视规模发展"转向"内涵式发展"的一项重大举措。

　　凯里学院校本规划教材丛书的编辑出版，集中体现了学校探索应用型人才培养的教学建设努力，倾注了编著教师团队成员的大量心血，将有助于推动地方院校提高应用型人才培养质量。然而，由于编写时间紧，加之编著者理论和实践能力水平有限，书中难免存在一些不足和错漏。我们期待在教材使用过程中获得批评意见、改进建议和专家指导，以使之日臻完善。

凯里学院规划教材编委会
二〇一四年十二月

前　言

雷公山国家级自然保护区具有森林生态系统复杂，生态系统垂直地异分异显著，动物、植物种类繁多，地形、地貌复杂，地质构造与岩石类型特征显著等特色，同时还是黔东南州国家级地质公园的重要组成部分，是一个非常优异的自然地理野外实习基地。

本教材以雷公山国家级自然保护区为介绍对象，紧紧围绕实践教学培养人才创新能力目标，通过强化实践教学、参与野外调研等培养环节，并配合专业基础课程"土壤地理学""植物地理学""生态学"和"综合自然地理学"的教学需要，努力拓展学生的地理学理论基础，培养学生野外实践调查与参与式学习的能力。同时，本教材所涉及专业课程均是地理科学专业主干基础必修课，对构建与丰富地理专业野外实践知识结构体系具有重要作用，对完善地理科学专业的实践课程体系，促进与提升地理科学专业的实践教学效果具有重要的意义和作用。

本教材根据地理科学专业数门基础专业必修课程教学大纲要求，结合雷公山自然保护区自然地理环境特征及专业课程的实习讲义编写而成。在编写过程中，为了更加准确把握雷公山自然保护区的地质、地貌、植被、土壤、生态系统等方面的特征，多次组织教材编写组成员对实习路线、实习内容进行了深入调查和研究，并对如何编写指导书进行了深入讨论。

本教材由凯里学院贺祥、顾永泽、蒋焕洲主编，其中：贺祥编写第二章、第三章、第四章、第五章；顾永泽编写第一章、第七章；蒋焕洲编写第六章。全书由贺祥统稿。

本教材在准备和编写过程中，得到了凯里学院杨廷锋、王稼祥、王磊等老师的大力协助，凯里学院罗永常教授、郑茂刚教授等专家给予了悉心指导，并提出了宝贵意见。

由于编著者的学科专业、水平和时间所限，本书疏漏之处难免，请读者在使用过程中提出意见，以便不断完善。

编著者
2014 年 9 月

目 录

第一章　雷公山国家级自然保护区概况

第一节　社会经济概况

一、区域范围、人口与民族

雷公山自然保护区于 1982 年 6 月，经贵州省人民政府批准建立为省级自然保护区，2001 年 6 月经国务院批准晋升为国家级自然保护区，2007 年 11 月加入中国生物圈保护区网络。雷公山国家级自然保护区主要分布于雷山县，同时还包括剑河县、榕江县、台江县的部分村镇（见图 1.1）。位于东经 108°05′~108°24′，北纬 26°15′~26°32′，东以台江县的五迷寨为起点，向南沿五迷河经鸠系、大平山、极松岛和小丹江一线至雷山县的高岳山；南以高岳山为起点，向西北至乔洛，转向西南经开屯村，沿庐榕公路向西至排里坳；西以排里坳为起点，向北经

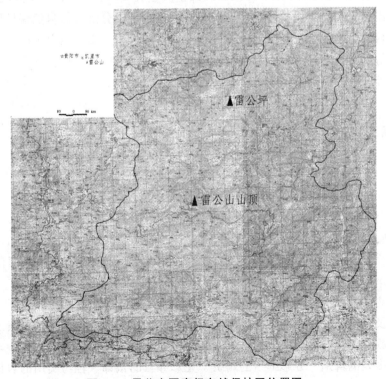

图 1.1　雷公山国家级自然保护区位置图

猫鼻岭、乌东一线、虎雄坡、脚尧至乌尧，转向东北沿白水河经乌香坡至南刀寨；北以南刀寨为起点，向东经南刀坡至昂朔坡，转向西南至五迷寨。南北长约 30 km，东西宽约 15 km，形状不规则，总面积约 47 300 hm²。其中雷山县约占总面积的 75%，台江县、剑河县和榕江县分别占 8.9%、8.5% 和 7.6%。保护区核心区约 16 000 hm²，缓冲区 11 000 hm²，实验区 20 000 hm²。主峰海拔 2 178.8 m，属长江和珠江流域分水岭，是清水江和都柳江水系主要支流的发源地。雷公山自然保护区内有林地面积达 4.25×10⁴ hm²，森林覆盖率为 88.76%，森林总蓄积为 345×10⁴ m³。雷公山生物资源极为丰富，区系成分古老，珍稀树种较多，已经鉴定的生物种类约 5 084 种。保护区内共 11 个乡（镇），45 个行政村，6 890 户，约 30 474 人，其中约 90% 是苗族。雷公山自然保护区所在黔东南州素有"苗疆腹地"之称，保护区体现我国苗族的主要文化特征，其苗族文化丰富且保存完整，具有极大保护价值和旅游开发价值。

二、社会经济

雷公山自然保护区主体以雷山县为主，距雷山县城仅 10 km，雷山县城距贵阳市仅 184 km，距凯里市 42 km。境内多条公路与周边联系，交通十分便捷。雷公山自然保护区与雷山县、榕江县、台江均有联系公路，同时雷山县黄里坳至保护区内乌东村的新建公路也已经通车。至 2012 年底，雷公山国家级自然保护区所在雷山县总人口 15.3 万人，国民生产总值 14.59 亿元，农民人均纯收入 4 560 元；所在剑河县总人口 25.57 万人，国民生产总值 21.83 亿元，农民人均纯收入 4 413 元；所在台江县总人口 16.14 万人，国民生产总值 5.4 亿元，农民人均纯收入 4 234 元；所在榕江县总人口 35.57 万人，国民生产总值 29.75 亿元，农民人均纯收入 4 348 元。由此可看出雷公山自然保护所在区域的各县经济水平十分落后。自然保护区内仍以传统农业为主，农村收入主要来源是农业及种养殖业。目前，雷公山自然保护区内的乌东村、格头村、掌坳村等部分村寨已经成为旅游开发的重点，通过民族乡村旅游开发，开展业余歌舞表演、农家乐等，有力促进了当地居民收入的增长。

三、民族文化

雷公山自然保护区的苗族，是由苗族先祖聚居地"左洞庭，右彭蠡"区域西迁，逆都柳江北上古州（今榕江），最后定居于此。据估算，距今已经约有 1 800 年历史。先祖们为了生存和繁衍，在这块土地上团结互助，垦殖连天的层层梯田，抚育成片苍郁森林，与大自然和谐相处。他们创造的与森林相关的居住、饮食、服饰、生产和歌舞等方面的民族生活文化，是我国森林文明的重要组成之一，其典型代表有雷山县西江千户苗寨、郎德苗寨、乌东苗寨等。

黔东南州被喻为"中国民间艺术之乡""民族歌舞之乡""特色民居博物馆""苗族民族文化艺术馆"以及"苗族文化中心"等。雷公山苗族是黔东南州苗族的典型代表之一，是一个能歌善舞的民族。雷公山勤劳勇敢的苗族人民以其原始苗族习俗的异质文化、丰富多彩的民间传说、优美多姿的舞蹈、五彩缤纷的刺绣、光彩夺目的银饰、轻巧实用的农村生产器具，以及树巢遗风的吊脚木竹苗楼等，构建了一幅绚丽、神秘的苗族文化习俗画卷。

四、旅游资源

雷公山自然保护区有丰富的旅游资源，包括自然风景资源和人文景观资源。保护区地处苗岭主峰，山势雄伟，植被茂密，沟壑纵横，水气充沛，造就了自然保护区丰富的生物景观、地文景观、水文景观和天象景观。雷公山还是苗族圣山，所在黔东南州为苗疆圣地，这里发育了纯正的苗族文化，形成了独特的民族文化人文景观。因此，雷公山自然保护区不仅是优秀的旅游胜地，还具有非常高的自然与人文的科学考察价值。

雷公山自然保护区保持着传统古老、原汁原味的魏晋歌舞、唐朝发饰、宋朝服饰、明清建筑，还保持着大量、丰富的原生态植被和珍稀动植物资源，为神奇天然的自然和人文生态精品旅游区。区内呈现一"山"（雷公山）多"寨"（郎德上寨、西江千户苗寨等）的布局，吸引着越来越多的中外游客，被视为世界十大森林旅游胜地之一。

雷公山自然保护区内旅游资源有七特：

一是穿衣树。雷公山海拔 1 600 m 以上生长着玉兰、杜鹃等树，因常年低温、云雾缭绕，空气湿润，古树枝上长满了一些黑色的"毛"（苔藓），就似树为自己披上了一件寒衣一样。更为吸引人的是，每年暮春初夏，玉兰、杜鹃次第花开，花朵硕大，色彩艳丽骄人。

二是苗皇城。相传在雷公山东北侧海拔 1 850 m 的雷公坪曾建有皇城一座，住户上千，名叫"展细雨"王国。至今在这群峰环抱，超过 26 hm² 的高山坪地上，还常掘出瓦砾、陶具、铁器及屋基等。在方圆百十里的原始森林中或荒岭边、山谷旁，发现有古坟、古墓几百座。

三是八卦林。在雷公山黑水塘一带，因山峦起伏，林高谷深，罕有人迹，人进入此境，犹如走进八卦阵，分不清东西南北，不知回路。

四是飞瀑群。雷公山山形切割明显，山高水深，飞瀑成群。著名的有响水岩三叠瀑，乌茫千丈瀑，迪庆双瀑及高岩滚牛大瀑布。

五是猴啸谷。雷公山多猴，雷山县至毛坪公路约 32 km 处有猴子岩，常有群猴栖穴，猴啼山更幽，若遇成百上千只猴群从树林中疾走，声啸山林，震谷不绝，甚为壮观。

六是千角场。在雷公山黄羊主峰北侧下约 0.5 km 有一深谷，谷中溪流琤琤。密林深处藏一百亩大湾谷，相传为张秀眉、杨大六抗清起义军，在被清军围剿时的最后大元帅府第。内曾藏兵上万，建有粮仓、兵库等。起义军在与清军决战前，曾在此携家眷跳铜鼓，鼓有 12 面，戴 500 对银角，故有"千角场"之称。跳三天三夜后，将铜鼓土埋，印玺等一干珍品藏之洞中并将洞口炸塌，砍伐树梯，最后突围。百年后的今天，曾有村民挖得铜鼓一面，并发现藏谷洞穴，得炭化灰谷若干担。

七是睡莲池。雷公山海拔 1 600 m 处的矿泉水厂处，有九座山峰如莲瓣，中有一小山似花蕊，溪水环流，如莲睡池中，其中松、柏丛生，得天时地利。此处冬暖夏凉，又因松香、负氧离子等益于身心，犹如瑶池宝地。

自然保护区还有三绝：

一是秃杉。有"万木之王""天然活化石"之誉。它挺拔、高大，是第四纪冰川孑遗的珍稀物种。

二是"佛光"。雷公山终年多雾，一年中有雾日 300 天以上，气候宜人，即使是最炎热的 7 月，月均温度也仅为 15.8 ℃。这里由于阳光的折射和多云雾的作用，雷公山常在夏、秋之季多佛光胜景，即海市蜃楼幻景。

三是"天书"。《雷山县志》载雷公山主峰北侧雷公坪点将坛处有一青石碑，碑高 2 m，宽 1.5 m，厚 0.2 m，其碑面阴刻碑文，文字千百年来无人可识，当地流传有诸葛孔明碑说和秀眉碑说，现残碑收藏在县文物所，存字共 28 个，成为神秘的雷公山"天书"。

第二节　自然环境概况

一、地质构造、地层岩性及地貌特征

（一）地质构造

本区出露地层古老，地壳运动频繁。雪峰运动引起了下江群岩石的变质，产生了一些断裂。加里东运动形成了区内主要的构造骨架，燕山、喜山运动的形迹则一次又一次地迭加其上。因此，雷公山自然保护区目前构造地貌形态是多旋回造山运动的结果（见图 1.2）。

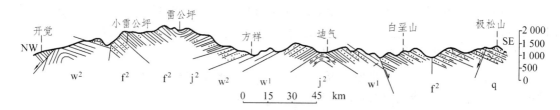

贵州省雷公山区地质剖面图

图 1.2　雷公山地质剖面图（来源于《雷公山自然保护区科学考察集》）

1—板岩；2—粉砂质板岩；3—炭质板岩；4—钙质板岩；5—硅质板岩；6—变余粉

（细）砂岩；7—变余砂岩；8—变余含砾砂岩；9—变余凝灰岩；10—断层；

j^2—甲路组第二段；w^1—乌叶组第一段；w^2—乌叶组第二段；

f^1—番召组第一段；f^2—番召组第二段；q—清水江组

1. 褶　皱

雷公山自然保护区整个褶皱形态为雷公山复式背斜，其轴迹大致呈北北东走向，东西两翼分别被昂因断层和西江断层切割而保存不全。出露地层有甲路组、乌叶组和番召组，清水江组仅露于翼部。西翼倾角在复背斜北段陡峻，南段平缓（5°～10°），东翼 20°～30°，轴面近于直立。复背斜自东而西由迪气（提庆）短轴背斜、雷公坪向斜和新寨背斜组成。

（1）迪气短轴背斜：轴向北北东，全长超过 30 km，宽 7～15 km。出露地层核部为甲路组、乌叶组，翼部为番召组。轴面直立，两翼对称。地层倾角 15°～25°。南东翼因受昂因断层影响，局部陡达 50°。

（2）雷公坪向斜：轴向北东，向南西经雷公坪至冷竹山附近消失。全长 34 km，宽 10～15 km。出露地层核部为番召组第二段，翼部为乌叶组及番召组第一段。两翼近于对称，地层倾角一般在10°～30°之间，轴面微向北西倾斜。

（3）新寨背斜：轴向北东东，局部近于南北。呈长条状展布，全长超过60 km。在区内出露地层为乌叶组和番召组。两翼地层倾角为10°～30°，轴面自北而南由倾向北西到近于直立。

2. 断　层

雷公山自然保护区的断裂由多期造山运动形成，断裂系统复杂，主要有北东、北北东、东东及北西西几组（见图1.3）。自然保护区内的断层发育并不十分强烈，多以规模不等的大型节理及断距不大的断层出现，最主要断层是雷公山复背斜两侧的西江断层和昂因断层，该两断层之间的地块在构造上呈地垒式上升。

（1）西江断层：断层走向北东，断面倾向北西，倾角为50°～70°，断层为规模巨大的正断层，全长100 km左右，贯穿自然保护区西部。沿断层带岩石破碎，沟谷发育强烈。

（2）昂因断层：断层走向北北东，断面倾向南东东，倾角60°～80°，断层为全长80 km的正断层，纵贯自然保护区东部。与西江断层相同，沿断层岩石破碎，沟谷发育非常强烈。

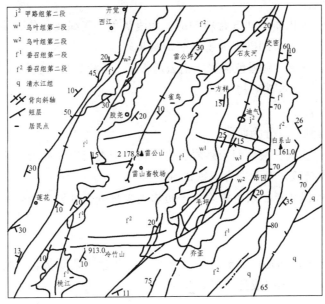

图1.3　雷公山自然保护区岩层与断层构造分布图（来源于《雷公山自然保护区科学考察集》）

3. 节　理

雷公山自然保护区内的节理发育非常显著，节理的分期、分组较复杂，其可大致分为纵节理、横节理和斜节理三组。纵节理与褶皱轴迹走向一致，呈北东至北北东向，属压性或张性节理。横节理与纵节理走向直交，属张性节理。斜节理多呈北北西、北西西及北北东、北东东向，为剪切（扭性）节理。纵、横节理中时有充填物，与热液活动关系密切。斜节理则较为光滑、平直，开启程度较低。根据节理规模的不同又可分为小型节理和大型节理两类。

（1）小型节理，即岩石露头上随处可见的构造节理、长度多在数十厘米至数米之间，最长数十米。节理间距常为5～30 cm，每米内约5～10条，节理面倾角50°～80°。节理在地表经受风化后，裂开宽度一般为1～3 mm。节理中时常有黏土和石英脉充填，在迪气背斜东翼与雷公坪向斜核部番召组粉砂质板岩中均可见。

（2）大型节理，又称破裂迹，即延伸很长而地层基本上未错开的一种断裂。区内之大型节理其延伸长度常可达数公里，分布间距数十米至数百米，亦呈陡倾斜状产出。此种节理在本区分布普遍，纵横交错，将地形切割得十分破碎而陡峻。在新寨背斜核部乌叶组板岩的剪切节理与冷竹山、黑水塘（雷公坪北）等地近东西向的直长嶂谷内的节理均是大型节理。

（二）地层与岩石

1. 地　层

雷公山自然保护区在大地构造上属扬子准地台东部江南台隆主体部分的雪峰迭台拱，出露地层为晚元古代早期，前震旦系的下江群甲路组、乌叶组、番召组和清水江组浅变质岩系，其中以番召组地层分布最广。

（1）甲路组（Pt_{3j}）

该组分为两段，区内仅于迪气南西 300 m 小溪内背斜核部出露其上段上部层位，岩性为灰色、灰绿色千枚状钙质板岩夹大理岩团块。

（2）乌叶组（Pt_{3w}）

第一段（Pt_{3w}^1）：仅出露于迪气背斜轴部，为浅灰色、灰绿及灰色砂质板岩、绢云母夹变余粉-细砂岩，顶部常以变余细砂岩为主夹变余凝灰岩。

第二段（Pt_{3w}^2）：深灰、灰黑色含炭质绢云母板岩、千枚状板岩夹深灰色变余粉-细砂岩及少量变余凝灰岩，含较多黄铁矿物。

（3）番召组（Pt_{3f}）

分布于雷公山两侧，也分为两段。

第一段（Pt_{3f}^1）：浅灰、灰色变余砂岩、变余粉砂岩夹板岩，或为变余砂岩与板岩之不等厚互层。上部见钙质结核，岩石中含黄铁矿。

第一段（Pt_{3f}^2）：浅灰色、灰色板岩，千板岩夹少量变余砂岩、变余凝灰岩，含黄铁矿，偶见钙质结核。

（4）清水江组（Pt_{3q}）

出露于交密—昂英以东地区，岩性为浅灰色—深灰色变余凝灰岩、变余沉凝灰岩、变余砂岩、变余粉砂岩及板岩等组成的不定式互层。

2. 岩　石

雷公山自然保护区以板岩为主，其次是变余砂岩和变余凝灰岩。在板岩中，又主要是绢云母板岩和粉砂质绢云母板岩，其次是含炭质绢云母板岩，再次是钙质绢云母板岩（见图1.4）。

（1）绢云母板岩和粉砂质绢云母板岩

分布遍及各组段，是番召组第二段和乌叶组第一段的主要成分。岩石呈灰至深灰微绿色，薄—厚层状，并残存原岩中由泥质和粉砂质相间构成的复理石韵律微细层理。矿物组成以显微鳞片状的绢云母为主（占 50%～95%），其次是粉砂状的石英（0～35%）以及不等量的隐晶硅质和绿泥石。

（2）含炭质绢云母板岩

分布于乌叶组第二段，岩石呈黑灰色，中厚层状，具弱丝绢光泽，断口为千枚状，劈理比较发育。矿物组分以绢云母占绝对优势（一般是 85%～95%），石英、长石等碎屑矿物很少，并含炭质、绿泥石、黄铁矿、方解石和微量电气石、金红石等。

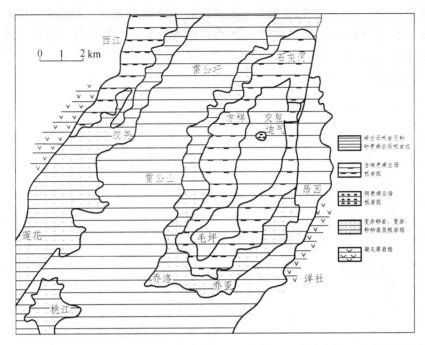

图 1.4　雷公山自然保护区岩性分布图（来源于《雷公山自然保护区科学考察集》）

（3）钙质绢云母板岩

分布于甲路组第二段。矿物成分主要是绢云母和方解石，另有少量石英、长石、绿泥石等。

（4）变余砂岩

各组段均有分布，但占量不大，唯番召组第一段以变余砂岩和变余粉砂岩居多。岩石为浅灰至深灰色中厚—厚层状，致密坚硬，其中碎屑物和胶结物约各占一半。碎屑矿物以石英为主（占总量的 45%～55%），长石次之（占 1%～8%，以酸性斜长石为主）。并有微量锆石、金红石、钛铁矿、磁黄铁矿等。

（5）变余凝灰岩

主要分布于清水江组，在乌叶组第一段中亦较为常见。其矿物组成以由火山玻璃分解而成的隐晶硅质、鳞片状绢云母为主，次有绿泥石以及石英、长石、黑云母之晶屑。陆缘混入物成分也与此类同，并有微量锆石、电气石、磷灰石、金红石、钛铁矿、黑云母及方解石等。岩石致密坚硬，比较难以风化。

（三）地貌类型

1. 构造地貌

雷公山自然保护区地貌主要成因是：前震旦系浅变质岩石受构造强烈抬升和流水侵蚀切割，以及长期遭受外营力综合作用而形成侵蚀剥蚀地形。雷公山复式背斜构造组成是自然保护区的主体，轴向呈北北东向，由若干次级背斜及向斜组成，自东向西有迪气背斜、雷公坪向斜及新寨背斜等。区内北东向、北西西向及近东西向断裂十分发育，常常导致河流形成同步弯曲，控制河流转折及流向，具有明显的晚近活动断裂的迹象。这些活动断裂对雷公山区地形地貌发育及水系分布格局影响起着非常重要的作用。

总体而言，雷公山地形高耸，山势脉络清晰，地势西北高、东南低。主山脊自东北向西南呈"S"形状延伸，主脊带山峰一般大于 1 800 m，两侧山岭海拔一般小于 1 500 m。位于雷公山东侧的小丹江谷地海拔仅 650 m，是自然保护区的最低处。同时，保护区内河流强烈深切，地形高差达 1 000 m 左右，其主要山地地貌形态可划分为台状高中山、波状中山，脊状低中山及低山 3 个地貌类型（见图 1.5）。

图 1.5　雷公山国家自然保护区地貌图（来源于《雷公山自然保护区科学考察集》）

（1）台状高中山

主要分布在南刀坡、雷公山、大小雷公坪一带，是清水江支流巴拉河与南哨河的分水岭。冷竹山一带也有该地貌较大面积分布，是长江水系与珠江水系的分水岭。台状高中山海拔高程 1 750～2 100 m，山势雄伟，浑圆山脊连绵展布，形成宽广平缓的台地地形，其上沟谷宽缓，古地貌面保存完好。水系不甚发育，地面上片状侵蚀作用明显，河流溯源侵蚀微弱。如雷公坪、黑水塘等地，常有沼泽水塘分布。

（2）波状中山

围绕雷公山主脊带分布，构造上位于雷公坪向斜两翼，形成雷公山主脊外围的次级山体。海拔高程在 1 350～1 750 m，最高是野得坡，达 1 800 m，高于东西两侧之河谷盆地 500～

1 000 m，相对高差在 350 ~ 400 m。山脊平缓，呈波浪状，山坡坡度一般 25° ~ 35°。其表面水系发育，河流溯源侵蚀强烈，局部地剥夷面保存完好。

（3）脊状低中山及低山

主要在西部及西南部的白水河、响水河及桃江河谷地带有小面积分布，在东部的毛坪、小丹江、方祥及石灰河一带则分布较集中。海拔高程在 650 ~ 1 350 m，相对高程在 250 ~ 600 m。在狭长的山脊部位有剥夷面保存。该地貌类型位于雷公山复式背斜两翼，断裂裂隙密集发育，为流水侵蚀切割提供了良好通道，致使河流切割强烈，地形破碎，沟谷发育。同时，山地斜坡上岩石风化作用强烈，风化深度大，土层疏松，水热条件好，多为常绿阔叶林及秃杉林集中分布区。

2. 山地剥夷面地貌

山地剥夷面，是山地演化历史进程的标志，是构造运动间歇抬升及外营力长期作用的历史产物，其地貌特征以平缓山脊、台地、波状缓丘、宽缓谷地等地貌为主。自然保护区内发育有三级剥夷面。

一级剥夷面：海拔在 1 800 ~ 2 000 m，分布在台状高中山区，其地形特征以波状缓丘、宽缓谷地及盆地为主。雷公坪一带之缓丘及盆地是该级剥夷面的典型代表。在黑水塘一带，该级剥夷面由平缓山丘及宽缓沼泽谷地组成，长约 2 km，宽约 1 km。

二级剥夷面：海拔在 1 550 ~ 1 750 m，分布在小雷公坪、南刀坡，西南部的野得坡及东南部的大毛坡等处，地形特征以宽缓的斜坡及台地缓丘为主。南刀坡东侧海拔 1 650 ~ 1 700 m 的平缓地面，是该级剥夷面最典型的代表。

三级剥夷面：海拔在 1 050 ~ 1 450 m，各地高程变化较大，分布在迪气、雀鸟、格头、欧养寨等处，在白水河故址一带也有小面积分布。剥夷面形态以台地及平缓斜坡为主，其分布常受河谷限制，形成河谷斜坡上的狭窄台地及重要坡地。

综上所述，雷公山自然保护区内一、二级剥夷面发育完整，是经受长期剥蚀夷平作用形成的古准平原地面，分布广，保存好；三级剥夷面则发育较差。

3. 河谷地貌

（1）河谷纵剖面形态地貌：保护区内河谷纵剖面陡峻，其形态多呈上陡下缓的折线型，上游河流比降远比下游大，常形成急流险滩，河谷裂点较常见。境内流程最长的五迷河比降为 38.22%，毛坪河比降为 65.69%。

（2）河谷横剖面形态地貌：在保护区内河流上游，河谷横剖面形态以"V"型谷为主，河谷窄狭，谷坡陡峻，河谷阶地发育极差。例如响水河及五迷河，河谷切割深度 50 ~ 300 m，多峡谷、嶂谷形态。在河流中、下游地段，"U"型河谷便比较常见，河谷宽缓，河床中砂砾石层堆积较厚，如巴拉河季刀段，谷底宽达 50 ~ 100 m，在宽缓的谷地及斜坡上发育有阶地。

（3）河谷裂点地貌：在保护区内河谷剖面上，以瀑布为主要表现形式的裂点十分发育，是河流侵蚀受新构造强烈抬升和岩石力学性质差异的影响而形成的。在支流注入主谷的附近，一般裂点较多，支流常呈瀑布或陡坡跌水的形式与主流不协调交汇。全区河谷裂点在分布高程上大致可分为三级，即海拔 1 350 ~ 1 435 m、1 050 ~ 1 180 m 和 910 ~ 960 m 三级，跌水落差一般为 30 ~ 40 m。响水岩瀑布海拔高程 1 160 m，连续四级跌水。在河谷裂点之上，往往地形较宽坦，具有早期宽谷地貌的特征；裂点之下则河谷深切狭窄，地形起伏较大，呈现峡谷、嶂谷地貌景观。

（4）河谷阶地地貌：区内深切河谷地段阶地不发育，仅于昂英宽谷河段见有四级阶地。

一级阶地，高出河面 2~4 m，阶面平坦，一般宽 20~50 m，为砂质黏土夹少量砾石，底部为砾石层，具有二元结构，可见厚度 2~3 m。

二级阶地：高出河水面 8~10 m，宽 10 m，局部有砂砾石层堆积，厚小于 1 m。

三级阶地：高出河水面 30~35 m，以大致同高的小平台构成，其上残留有砾石，砾径一般 10~20 cm，大者达 30~40 cm。

四级阶地：高出河水面 60~70 m，为浑圆平顶小丘组成。

二、气候与水文特征

（一）气　候

雷公山自然保护区属中亚热带季风气候中的山地湿润气候，具有冬无严寒，夏无酷暑，雨量充沛的气候特征。由于雷公山相对高差达 1 500 m 左右，是长江与珠江水系分水岭，高大山体影响了大气环流运行，使雷公山山区气候还具有垂直差异和坡向差异显著的特点。

雷公山自然保护区冬季气温最低，夏季气温最高，秋季略高于春季，气温年变化曲线与太阳辐射的年变化趋势基本一致。一年中 1 月份最冷，1 月份平均温度：山麓 4.6℃，山腰（林场）1.3℃，山顶 -0.8℃；以 7 月份最热，7 月份平均温度：山麓 23~25.5℃，山腰 20.5℃，山顶 17.6℃。随海拔上升，年平均气温直减率约为 0.46℃/100 m。

雷公山主脊四周各坡向气候差异显著，东南坡较西北坡湿度大，雨量多。春、夏季节降雨量较多，秋、冬季降雨量较少，年雨量大致为 1 400~1 600 mm。雷公山相对湿度随海拔增高而加大，海拔 1 100 m 的年平均相对湿度为 85%，海拔 1 600 m 的林场相对湿度为 88%。

（二）水文特征

雷公山自然保护区是长江和珠江流域分水岭，是清水江和都柳江水系主要支流的发源地。对于清水江流域支流，主要发育了巴拉河（包括二级支流台江河）、南哨河等水系。巴拉河发源于雷公山西北麓，长度 158 km，流域面积 1 356 km²；二级支流有台江河，长度 78 km，流域面积 354 km²。南哨河，长江支流乌江支流清水江的支流，河流长度 72 km，流域面积 661 km²。南哨河自南哨以上由太拥、巫密两支汇成，太拥河又纳朗洞、两汪河。

由于雷公山独特的地质构造和特殊的水资源储存富集条件，大气降水、地表水和地下水资源循环交替。据测算，自然保护区内水资源总量为每年 183.731 万立方米。由于河陡坡急，水力资源也十分丰富，自然保护区内水能蕴藏总量达 10 221.8 kW。雷公山自然保护区生态环境良好，无污染、水质洁净，区内地下水水质及矿物质含量均已达到国家饮用水有关标准，现已进行适度开发利用。

另外，雷公山自然保护区还拥有独特水文地质环境。首先，雷公山自然保护区内的古老地层岩石经历多次构造运动，发生了轻度的区域变质作用，形成具有坚硬却易脆裂的力学特性。其次，区内新构造运动现象十分显著，使保护区地质构造以断块差异抬升为主，雷公山山峰就是沿北北东向复式褶皱断裂带强烈差异抬升的产物。同时区内岩石风化作用强烈，并形成复杂断裂系统，导致岩石中断裂及裂隙十分发育。再次，在断裂及裂隙中充填胶结微弱而开张程度好，这些都为裂隙水的储存及运移创造十分优越的条件。在上述几种条件的综合作用下，形成了雷公山区构造风化裂隙强烈发育的独特地质环境。构造裂隙提供了地下水赋存的场所，风化作用则扩大了构造裂隙水的储存空间，两者相辅相成，在地表下一定深度范围内，开拓出一个构造风化网状裂隙含水带，从而形成雷公山浅变质岩石山区非常独特的顶托型水文地质结构。雷公山水文地质结构独特，水资源的赋存及富集与大气降水、地表水及地下水循环交替环境十分和谐，使雷公山水资源储存极为丰富，从而也为雷公山区丰富生物资源创造了有利条件。

三、土　壤

雷公山自然保护区由于地形地貌、气候、植被等成土条件十分复杂，且地域分异性显著，决定了其土壤类型多样性。雷公山自然保护区山地土壤垂直带明显，按土壤发生学和土壤地带性分布规律，自山麓至山顶可依次为山地黄壤、山地黄棕壤、山地灌丛草甸土与山地沼泽土。

（一）成土条件

（1）气候对土壤形成的影响：雷公山东南地区属中亚热带，受东南季风影响显著，具有常年温暖湿润的水热条件，这种条件对黄壤化过程发育较有利。但在雷公山较高海拔地区，低温高湿，冬季低温，微生物活动弱，有机质分解缓慢，残落物富集度高，促进棕壤和草甸化过程发育。在低海拔较热地区则矿物分解强烈，风化彻底，黏化发育，使土壤发生黄壤化过程。

（2）地层岩性对土壤形成的影响：地层岩性通过地貌来影响土壤、母质、颗粒、矿物成分与成土时间。本地区地层属早期华夏系江南古陆雪峰隆起部分，大面积出露前震旦系板溪群轻度变质岩。以板岩、千枚岩、变余砂岩为主，其次有震旦系砂页岩、白云岩、石英砂岩硅质岩等。其中：易于风化、易黏化且含矿质钾元素丰富的主要是板溪群的绢云母板岩、粉砂质板岩、千枚岩，以及震旦系砂页岩等；而风化较难、成土质地较差，有受交代作用成岩的则是硅质板岩与石英岩等。

（3）植被对土壤形成的影响：本区植被为中亚热带湿润常绿林，以壳斗科、樟科、木兰科、山茶科为代表。雷公山主体部分保存有原生植被，呈垂直分布。植被对成土作用显著，如在原生植被下，表层腐殖质富积厚度常超过 20 cm，每公顷有残落物 2 000 ~ 4 000 kg，有机质含量 20%以上。因此十分有利于土壤的发育。

（二）土壤类型

土壤类型、分布与气候、地质、地貌、植被等关系密切，在分布规律上也受它们的制约。如在雷公山自然保护区山顶分水岭地带分布着山地灌丛草甸土，而高中山或中山主支脉上分布黄棕壤，脊状低中山或低山地区分布着黄壤。保护区内森林土壤总面积中有黄壤面积超过600 hm^2，约占总面积 48%，黄棕壤面积约 32 hm^2，山地灌丛草甸土面积约 1.5 hm^2。保护区内各类土壤的基本理化特性及成土特点见表1.1。

表 1.1　雷公山不同土壤类型及其生境特征表（数据来源于雷公山自然保护区科学考察集）

土壤类型	海拔/m	地点	植被	母岩	层次深度	pH	有机质	颜色	质地
山地沼泽土	1 830	大雷公坪	沙草科植物和小箭竹等	绢云母板岩	A：0～20	5.0	28.0	黑棕色 7.5YR2/2	
					Br$_1$：25～35	6.0	26.0	黑棕色 7.5YR2/2	
					Br$_2$：50～80		26.0	黑棕色 7.5YR2/2	
山地灌丛草甸土	2 160	雷公山顶	高山杜鹃、箭竹、白牛胆、蒲耳根	板岩	A：0～20	4.5	13～27	暗灰黄 2.5YR5/2	中壤土
					Br$_1$：20～50	5.5	3～17	灰黄 2.5YR5/2	轻黏土
					D：35 以下				
山地黄棕壤	1 575	林场附件	常绿和落叶阔叶混交林	粉砂质板岩	A：0～26	4.2	12.5	暗黄棕 10YR3/4	中壤土
					Br$_1$：26～47	5.8	3.3	浅黄棕 10YR3/4	重壤土
					BC：47～76	6.0	1.7	浅黄棕 10YR3/4	轻黏土
山地黄壤	900	乔水对面山脚	常绿阔叶林	粉砂质板岩	A：0～10	4.5	6.9	黄色 2.5Ya	重壤土
					Br$_1$：26～54	5.4	1.3	暗棕 7.5YR3/4	重壤土
					BC：78～108	5.6	1.0	黄色 5Y8/6	轻黏土

1. 山地沼泽土

雷公山自然保护区沼泽土主要分布大、小雷公坪以及黑水塘等地台状高中山缓地低洼盆地中。在山顶封闭的洼地上，地势平坦、低洼，容易积水之处，在长期滞留水和沼泽植物生长下，土壤中进行着强烈的还原过程，有机质分解弱，潜育化强，形成泥炭质物质的沼泽土。其土体构型为 A(T)-Br 型，即生草层下为半腐解的泥炭层。整个土层有机质含量达 25.0%以上，属于有机土类。山地沼泽土层较厚，土体呈黑色或灰黑色，粉砂粒与黏粒含量也较高，心土常年或一年有较长时期积水。

2. 山地灌丛草甸土

山地灌丛草甸土分布在雷公山 2 000 m 以上山地。地处山顶部位，风大、气温低、雾多、湿度大，多宜灌木、箭竹和草本生长。岩石风化以物理风化为主，化学风化弱。因而土层极薄，仅有 20～30 cm，且心土层发育不明显，属于 A-(B)-C 型土体构造。在灌丛草甸下发生生物循环作用，粗腐殖质积累丰富，轻度淋溶黏化。矿物风化度弱，土体发生层薄，硅、铁、铝在剖面中移动不明显，自然肥力高，有机质含量为 13.14%～24.50%，全氮(N)0.53%～1.1%，全磷（P$_2$O$_5$）0.08%～0.24%，全钾 1.77%；盐基交换量 1.88～5.19 mg/100 g 土。土壤盐基饱和度 19.4%，呈强酸性，pH 为 4～5。

3. 山地黄棕壤

山地黄棕壤分布在雷公山主支脉的中上部海拔 1 400～2 000 m，其分布的下限大致与本区水稻的分布上限一致，是亚热带常绿和落叶林下土壤。本类土壤可分为两个亚类，即山地森林黄棕壤和山地生草黄棕壤。

山地森林黄棕壤中未分解的残落物多，其土体结构型为 A-AB-B-C 型或 A-AB-B-D 型。土层较厚（60～80 cm）；心土层以黄棕色或棕色为主；腐殖质含量很高，表层为 15%左右，心土层可达 2.5%。表层含氮量达 0.3%左右，心土层 0.1%。土壤呈酸性，pH 为 4.37～5.19，属于强酸性至酸性土。山地生草黄棕壤性质与山地森林黄棕壤相似，其表层土壤由于草根盘结，十分紧密，其次是 A 层与 B 层的界线十分明显。

4. 山地黄壤

山地黄壤分布带幅较宽，分布在海拔 700～1400 m 山地，是保护区内分布面积最大的一类土壤。在常年温暖湿润和茂密的森林中，氧化铁脱水作用减弱，心土黄壤化现象明显，硅铝率 2.0～3.0，由于结合水含量较高，铁的氧化物常以针铁矿（$Fe_2O_3 \cdot H_2O$）和褐铁矿（$2Fe_2O_3 \cdot 3H_2O$）存在，故显黄色。根据植被与土壤性状特征也将其细可分为山地森林黄壤和山地生草黄壤。保护区内山地黄壤总体特性：土体构型主要为 Ao-A-B-D 型；土层较深厚，一般可达 60 cm；表层为灰棕色，心土为黄色或棕黄色；结构以棱块为主，多为壤土；有机质含量较高，土壤呈酸性至强酸性，通常 pH 为 4.5～5.5。

四、动植物概况

（一）植物概况

据雷公山自然保护区所在各县气候、气象观测统计资料，自然保护区年平均气温 15.4～18.1℃，1 月平均气温 4.7～7.6℃，年平均 1 132.6～1 136.8 mm。表明保护区内没有严寒，没有明显干旱期，全年是湿润期。这种全年高温多雨，冬季不太冷，无明显旱季的亚热带季风气候条件下，发育的地带性植被是中亚热带常绿阔叶林，且属我国中亚热带东部湿润常绿阔叶林。

雷公山自然保护区内有高等植物 2 582 种，分属 278 科 954 属。其中种子植物有 177 科 721 属 1 962 种，苔藓植物 59 科 142 属 353 种，蕨类植物 42 科 91 属 267 种。自然保护区内分布国家 I、II 级保护植物 26 种，贵州省级保护 22 种，雷公山特有 10 种，列为《濒危野生动植物种国际贸易公约（附录 II）》的兰科植物 30 属 65 种，大戟科大戟属 9 种，大型菌物 50 科 112 属 263 种。保护区内裸子植物科属种占比例较小，但在雷公山森林植被中具有特殊地位。如杉木、马尾松、秃杉均在雷公山森林植被中都构成以它们为主的优势群落。被子植物中壳斗科、木兰科、樟科、蔷薇科、槭树科、杜鹃科等构成雷公山森林植被的主体。

雷公山自然保护区植被的垂直分异明显：海拔 1 350 m 以下是常绿阔叶林，以栲、石砾、木莲和木荷占优势；海拔 1 350～2 100 m 是山地常绿落叶混交林，主要种类有水青冈、亮叶水青冈、多脉青冈；海拔 2 100 m 以上是亚高山灌丛，杜鹃花属和箭竹占优势。植被的逆向演替规律是：常绿阔叶林—次生落叶阔叶林或暖性针叶林（如光皮桦、响叶杨林、枫香林、杉木林和马尾松林等）—栎类灌丛—芒草灌草丛—裸露岩石。

1. 主要植被类型及其分布

（1）以甜储栲、丝栗栲林为主的常绿阔叶林。分布于海拔 1 350 m 以下地区。

（2）岭南石栎林为主的常绿阔叶林。分布于王沟一带山谷。种类成分复杂，除了岭南石栎林外，有木荷、深山含笑，另外还亮叶水青冈、枫香林，白辛树等落叶树种混入。

（3）以银荷木为主的常绿阔叶林，分布于欧养寨以西及冷竹山等地。除银木荷外，有青冈栎、丝粟栲、黄杞、深山含笑、薯豆等。灌木层主要有方竹等。

（4）以水青冈、亮叶水青冈、多脉青冈林为主。分布于乌东、雀鸟、雷公山粮站一带，以及雷公坪以东、以北，海拔在 1 350～1 850 m 地段。

（5）以野樱桃、裂叶白辛树为主的落叶阔叶林。分布在雷公山至雷公坪一线，海拔 1 850～2 100 m 的山坡。主要树种除了野樱桃、裂叶白辛树外，还有圆锥绣球、曲果玉兰、野茉莉、水青树、五裂槭、毛果槭、扇叶槭、巴东栎、莽草等。

（6）以光皮桦、响叶杨、化香为主的落叶阔叶林。为海拔1 300 m以下常绿阔叶林破坏后的次生林，零星见于响水岩、粮站、皆老附近。

（7）湖北海棠林。分布于雷公坪积水盆地东侧边缘。分布地海拔1 800 m，坡度平缓、气候温凉、湿润多雾，地下水位较高。

（8）马尾松，光皮桦林。分布于海拔1 400 m以下的响水岩、724等地。立地基岩是页岩，土壤为黄壤。为幼年林。乔木层混杂有少量杉木、五裂槭，灌木层优势种不明，主要有马银花、皂柳、滇白珠等，草本层多芒草。

（9）马尾松林。分布于大湾，皆老、小丹江等地附近。乔木层优势种马尾松，混有光皮桦、化香、紫花泡桐等。

（10）杉木林。分布于1 300 m以下的干鼻熊、方祥、格头、毛坪、桃良等地较阴湿的谷地。

（11）秃杉林。分布于格头村桥水、昂英、方祥等地，海拔1 200 m以下的坡地、谷地，坡度30°～50°。

（12）白栎、小果南烛灌丛。主要见于木樟坳西北坡及石灰河、三湾、乔治等，格头等地也有小片分布。

（13）华山松林。是海拔1 400 m以上地区的人工栽培植被，主要栽培于雷公山林场，有时混入有光皮桦，林下常见灌木柳和芒草、蜘蛛香、蕨等草本。

（14）大白杜鹃、箭竹灌丛。分布于2 100 m以上的为山顶，以雷公山顶部典型。

（15）皂柳、水马桑、圆锥绣球灌丛。分布于海拔1 700 m上下湿润地段，在雷公坪、小雷公坪、黑水塘一带占有一定面积。

（16）芒、野古草灌草丛。在雷公山东侧，粮站、大毛坡、小雷公坪附近的山坡，有大面积分布，是山火后产物。

（17）白茅灌草丛。分布于桥水、桥歪等村寨附近。由于进一步对芒草灌草丛放牧、割草、烧山，造成高草有灌草丛被中草灌草丛代替。

（18）泥炭藓沼泽。是隐域性植被类型，分布于海拔1 800 m左右的雷公坪、小雷公坪和黑水塘。在雷公坪由于开沟排水，使地下水位降低，引起箭竹、密腺小连翘等灌木入侵，形成泥炭藓-箭竹沼泽。

2. 珍稀物种——秃杉

秃杉是世界上稀有的珍贵树种。现仅分布于我国台湾中央山脉海拔1 800～2 600 m的地方，散生于台湾扁柏及红桧林中；云南西部怒江流域的贡山、澜沧江流域的兰坪；湖北西南部的利川、毛坝，以及贵州东南部雷公山等局部地区。国外也仅缅甸北部有少量分布。雷公山自然保护区是贵州省秃杉集中分布的唯一地区，其分布在海拔高度800～1 300 m，主要分布在沟谷地带的山坡凹部、阴坡及半阴坡；坡度均在30°以上。

秃杉之乡——格头村坐落在贵州省雷山县雷公山自然保护区东南坡的山麓上，它是雷公山国家级森林公园的重要组成部分。格头村森林覆盖率达95%以上，森林的原始性特别强，生长着很多的名贵树种、花草和药材。其中成片生长的秃杉林是格头村特有的典型植物代表，格头村的秃杉树干通直，枝叶繁盛，一般高达30～50 m。老的秃杉有上千年的历史，一般的也有300～500年的历史。格头秃杉是目前我仅存的面积最大，保存得最为完整的一片秃杉林。格头秃杉有极高的科研价值和观赏价值，是考古的"活化石"。据此，贵州省雷山县格头村获得了"秃杉之乡"的美誉。

3. 国家重点保护植物

国家重点保护植物有 25 种。其中：国家Ⅰ级保护植物红豆杉（Taxus chinensis）、南方红豆杉（T. chinensis var.mairei）、异形玉叶金花（Mussaenda anomala）、伯乐树（Bretchneidera sinensis）、姜状三七（Panax zingiberensis）等 5 种。国家Ⅱ级保护植物有篦子三尖杉（Cephalotaxus oliueri）、翠柏（Calocedrus macrolepis）、福建柏（Fokienia hodginsii）、柔毛油杉（Keteleeria pubescens）、黄杉（Pseudotsuga sinensis）、秃杉（Taiwania cryptomerioides）、闽楠（Phoebe bournei）、厚朴（Mangnolia officinalis）、凹叶厚朴（M. officinalissub sp. biloba）、黄柏（Phellodenron amurense）、水青树（Tetracentron sinense）、香果树（Emmenopterys henryi）、花榈木（Ormosia henryi）、红豆树（O.hosiei）、十齿花（Dipentodon sinicus）、半枫荷（Semiliquidambar cathayensis）、鹅掌楸（Liriodendron chinense）、伞花木（Eurycorymbus cavaleriei）、杜仲（Eucommia ulmoides）、马尾树（Rhoiptelea chiliantha）等 20 种。

4. 省级保护植物

贵州省省级保护植物有三尖杉（Cephalotaxus fortunei）、粗榧（C.sinensis）、穗花杉（Amentotaxus argotaenia）、长苞铁杉（Tsuga longibracteata）、桂楠木莲（Manglietia chingii）、阔瓣含笑（Michelia platypetala）、乐东拟单性木莲（Parakmeria lotungensis）、红花木莲（Manglietia insignis）、银鹊树（Tapiscia sinesis）、木瓜红（Rehderodrndron macrocarpum）、白辛树（Pterostyrax psilophyllus）、青钱柳（Cyclocarya paliurus）、檫木（Sassafras tsumu）、深山含笑（Michelia maudiae）等 14 种。

5. 重要特有野生植物

雷公山自然保护区重要的特有野生植物有苍白木莲（Manglietia glaucifolia）、棱果海桐（Pittosporum trigonocarpum）、短尾杜鹃（Rhododendron brevicaudatum）、平伐杜鹃（R. fuchsiifolium）、凯里杜鹃（R.kaliense）、雷山杜鹃（R. leishanicum）、雷公山械（Acer legongshanicu）、稀果杜鹃（R. oligocarpum）等 8 种。

（二）动物概况

雷公山保护区已经鉴定的野生动物有 53 目 280 科 2 239 种。其中：兽类 8 目 23 科 53 属 67 种，占贵州省兽类总种数的 51.14%；鱼类 4 目 10 科 30 属 35 种，主要为鲤科，有 20 种，占保护区总种数 57.14%；两栖 2 目 8 科 36 种，占贵州省两栖类总种数的 56.30%；爬行 3 目 10 科 33 属 60 种，占贵州省爬行类总种数的 56.60%；鸟类 14 目 31 科 154 种，占贵州省鸟类总种数的 36.41%；昆虫 22 目 194 科 1 114 属 1 861 种；寡毛类 4 科 5 属 26 种。国家Ⅰ级保护动物有白颈长尾雉、云豹、金钱豹、林麝 4 种；Ⅱ级保护有黑熊、鸳鸯、红腹锦鸡等 31 种。其中，国家Ⅱ级保护鱼类动物有大鲵和细痣疣螈，大鲵、细痣疣螈、雷山髭、棘蝮蛙、棘胸蛙等 5 种列入中国濒危物种红皮书的种类；爬行类珍稀濒危的物种有滑鼠蛇、眼镜蛇、眼镜王蛇为国家Ⅱ级保护动物；列入《中国濒危动物红皮书》的种类有鳖、灰腹绿锦蛇等 13 种。鸟类国家Ⅰ级保护的有白颈长尾雉；国家Ⅱ级保护的有鸳鸯、雀鹰等 14 钟，被列入《中国濒危动物红皮书》的有白颈长尾雉、鸳鸯、秃鹫、红腹锦鸡、雕鸮等 5 种；哺乳类国家Ⅰ级保护动物有云豹、金钱豹、林麝 3 种，国家Ⅱ级保护动物有中国穿山甲、猕猴、黑熊等 13 种。被列入濒危物种国际贸易公益组织（CITES）的珍稀、濒危动物兽类有金钱豹、黑熊、猕猴等 15 种。

五、植物土壤垂直地带性分异规律

雷公山自然保护区从海拔最低小丹江处至最高雷公山山顶，高程相差 1 500 m。由于地形变化显著，对土壤、水分以及湿热条件的产生影响而呈规律性变化，并导致植物类型区系成分和结构的相应变化。因此，根据雷公山自然保护区的降水、热量等指标，结合地貌、植被和土壤，可将雷公山划为 5 个植物土壤垂直分布带（见图 1.6）。

海拔 2 000 m 以上：高中山寒冷潮湿灌丛草甸土带

海拔 1 800~2 000 m：带中山冷凉潮湿落叶阔叶黄棕壤沼泽土带

2 178 m

海拔 1 400~1 800 m：低中山温凉湿润常绿阔叶落叶混交林黄棕壤带

1 400 m

海拔 900~1 400 m：低山丘陵宽谷温和常绿阔叶林黄壤带

900 m

海拔 500~900 m：以丝栗栲、腺萼马银花、甜储栲、银木荷为主常绿阔叶林及黄壤带

图 1.6   雷公山自然保护区植被土壤垂直分异示意图

1. 中亚热带峡谷丘陵温暖湿润常绿阔叶林黄壤带

带内以海拔在 500~900 m 为主，在局部峡谷两侧山地可达 1 000~1 200 m。地形以脊状低山为主。年均温高达 15~16 ℃，≥10 ℃ 积温 4 600~5 200 ℃，年降水量 900~1 100 mm，年日照 850~960 h，具有春早、秋迟、夏炎热、冬暖等特点。植被为以丝栗栲、腺萼马银花、甜储烤、银木荷为主的常绿阔叶林。由于人为破坏，原生植被很少，多为次生植被——经济林所取代，稍平缓的山坡都辟为梯田。土壤为山地黄壤，多为重壤土，进行较强烈的脱硅富铝化作用，土壤酸性较强。

2. 中亚热带低山丘陵宽谷温和常绿阔叶林黄壤带

带内海拔 900~1 400 m，地表破碎，沟谷发育，多为脊状中低山地貌。年均温 12~14 ℃，高于 10 ℃ 积温 3 200~4 500 ℃。这一带四季分明，冬半年西坡和西北坡 1 150~1 450 m，东坡和东南坡 950~1 040 m 高度层常出现逆温暖带。年降水 1 000~1 350 mm，年日照 1 000~1 300 h。植被以甜储烤、青杠栋、粗穗石栋为主，几乎没有原生林分布。此外，常绿阔叶林中还有不少大型真菌，如食用菌香菇、木耳，药用菌灵芝、硫黄菌和野生果品资源杨梅和弥猴桃、魔芋等。由于水热充足，地形相对较缓，因此成为雷公山主要农业耕作带。

3. 北亚热带低中山温凉湿润常绿阔叶落叶混交林黄棕壤带

海拔 1 400~1 800 m，地形为波状中山，山脊平缓，谷坡陡峻。年均温 10~12 ℃，高于 10 ℃ 积温 2 500~5 200 ℃，年雨量 1 150~1 250 mm，年日照 950~1 100 h。植被：常绿树种以青冈栋、石栋为主；落叶树种以五裂械、白辛树、野茉莉为主；针叶树中的马尾松和华山松随海拔升高逐渐减少，同时无种植业分布。土壤：以中壤土为主，土壤盐基饱和度低，全土壤剖面呈强酸性或酸性反应。

4. 暖温带中山冷凉潮湿落叶阔叶黄棕壤-沼泽土带

海拔 1 800～2 000 m，年均温 9～10℃，高于 10℃ 积温只有 2 500～3 000℃，冬季漫长而基本无夏，年降水量增加到 1 200～1 400 mm，雾日多达 200～300 d，年日照只有 950～1 000 h。主要树种有野樱桃、毛背花揪、十大功劳、粗框。植株高度显著降低，树干弯曲并挂满苔藓植物。植物生长周期长、土壤浅薄，森林植被破坏后多逆向演替为山地灌丛草坡。在低洼盆地内，植物以草和冷箭竹为主；土壤潜育化严重，十分肥沃。

5. 暖温带高中山寒冷潮湿灌丛草甸土带

此带在海拔 2 000 m 以上，地势高峻，群峰兀立。年均温只有 8～9℃，极端最低气温-14～14.9℃，年雨量多达 1 500 mm，年日照只有 1 000 h 左右，年雾日多达 294 d，全年大风日数多达 190 d。植被以箭竹灌丛为主，优势物种为大白杜鹃、冷箭竹及紫果冬青等此外，还有不少泥炭藓沼泽。

六、具备世界自然遗产特征

《保护世界文化与自然遗产公约》规定，属于下列各类内容之一者，可列为自然遗产：① 从美学或科学角度看，具有突出、普遍价值的由地质和生物结构或这类结构群组成的自然面貌；② 从科学或保护角度看，具有突出，普遍价值的地质和自然地理结构以及明确划定的濒危动植物物种生态区；③ 从科学、保护或自然美角度看，具有突出、普遍价值的天然名胜或明确划定的自然地带。

凡提名列入《世界遗产名录》的自然遗产项目，必须符合下列一项或几项标准方可获得批准：① 构成代表地球演化史中重要阶段的突出例证；② 构成代表进行中的生态和生物的进化过程和陆地、河流、湖泊、海岸、海洋生态系统和动植物社区发展的突出例证；③ 独特、稀有或绝妙的自然现象，地貌或具有罕见自然美的地带；④ 尚存的珍稀或濒危动植物种的栖息地。

雷公山自然保护区是一个罕见的保持中亚热带湿润常绿阔叶森林生态系统原始面貌的自然地域。雷公山自然保护内森林生态系统受人为干扰少，生态系统群落种类组成数量特征、空间结构、群落动态与环境间呈现良好的协调关系。同时区内还储存了非常丰富的天然物种，高等植物约有 1 100 种以上，脊椎动物约有 294 种，其中许多是国家级保护的濒危物种。因此，雷公山自然保护区为人们提供了一个典型中亚热带森林生态系统的原始面貌，不仅具有非常高的生态价值，还是一个具有较高科学研究价值的科研基地和教学基地。

雷公山自然保护区具特殊地质构造及岩层，形成了非常独特的雷公山浅变质碎屑岩地貌。自然保护区在雪峰运动、加里东运动等地质构造运动的作用下，开拓出一个构造风化网状裂隙含水带，形成浅变质岩石山区非常独特的顶托型水文地质结构，使雷公山水资源储存极为丰富，并最终为雷公山区丰富生物资源创造了极为有利条件。

雷公山自然保护区还具非常有独特的自然美学景观与浓郁的苗族文化，被视为世界十大森林旅游胜地之一。保护区内山势雄伟，植被茂密，沟壑纵横，水气充沛，造就了自然保护区丰富的生物景观、地文景观、水文景观和天象景观。同时，雷公山还是黔东苗族的胜地，居住着保持了传统古老生活习俗的苗族村民，吸引着大量的游客前往旅游，拥有非常丰富的民族文化景观。

因此，雷公山国家级自然保护区已基本具备世界自然遗产地的部分特征。

第二章　雷公山综合实习目的与要求及实习内容

　　野外实习是课堂学习的重要补充和必要组成。它不仅仅是学生对书本知识的亲身体验，更是理论知识水平提高的重要环节。通过自然地理野外综合调查实习，不仅能把"植物地理学""土壤地理学""生态学""地质地貌学""综合自然地理学"等专业课程的课堂知识与具体的自然环境中植被、土壤、水文地质地貌等特征与现象结合起来调查与研究，从而加深对书本知识的理解，而且还应学会在野外进行植被、土壤、地质地貌等方面调查的基本工作方法，提高分析问题和解决问题的综合能力，能初步具备对区域自然地理环境野外调查认识的能力与水平。

第一节　野外实习目的与要求

一、植物地理与生态系统野外实习目的与要求

（一）实习目的

（1）通过野外观察，准确、熟练掌握和应用常用植物形态学术语，认识雷公山自然保护区常见植物，并采集植物、制作植物标本。

（2）了解雷公山自然保护区内常见植被和群落类型，加强培养学生对植物与环境之间关系的认识。

（3）培养学生分析问题和解决问题的实际能力，如采集标本、制作标本、野外记录、描述和鉴定等能力；培养学生野外调查的能力，使学生具备在野外认识植物多样性及其生态群落特征的能力。

（4）使学生初步具备对雷公山生态系统特征形成与环境演变的关系进行创新分析的思维能力。

（二）实习要求

（1）充分准备好野外实习工具及调查区的各类参考资料。

（2）认真研究实习目的与任务，制订详细的实习计划。

（3）实习过程中，认真记录各类植物的基本特征，以及其生态环境特征。

（4）按要求采集常见植物，认真制作植物标本，认识各类典型植物的特征。

（5）要求学生掌握对雷公山区生态系统群落基本属性特征与数量特征的分析与认识的方法，初步具备对雷公山生态系统特征调查与分析的能力。

二、土壤地理野外实习目的与要求

（一）实习目的

（1）加深和巩固对教材内容的理解，应用和验证课堂教学所学的理论与知识。

（2）学习常规土壤野外调查、取样与土壤制图、调查报告编写等方面的基本技能和方法。

（3）加强将土壤地理学知识运用于科学研究的初步能力培养，培养创新意识。

（4）通过土壤地理学野外实践教学，使学生掌握雷公山土壤类型及其基本特征，具备分析土壤水平及垂直方向的地域分异规律的能力。

（二）实习要求

（1）初步掌握土壤野外调查、研究，鉴定、识别土壤类型，对土壤理化性质判断分析的基本方法和技能。

（2）掌握地形图、水文地质地貌图、遥感影像图等图件资料在土壤地理野外调查中灵活应用的方法。

（3）从土壤地理发生学角度认识雷公山自然保护区主要土壤类型及主要特征、分布规律等。

（4）学会应用调查资料和测定数据去编写调查报告。

（5）所有学生在野外实习过程中必须服从安排，严格遵守各项纪律，注意安全；在野外实习中要善于观察、勤于思考；在生活中同学之间要相互帮助、相互学习，确保野外实习任务的完成，并能有效地保护环境。

三、地质、地貌野外实习目的与要求

（一）实习目的

（1）学会利用地形图进行野外定点，认识野外地形、地貌；学会野外判读地质图，认识雷公山自然保护区的地质构造特征；掌握野外利用罗盘测量岩层的方位、产状、坡度等技能。

（2）能在实习过程中将野外实习内容和课堂知识有机地结合起来，使课堂知识既达到加深和巩固的目的，又达到延伸和扩大的效果。掌握雷公山野外地质和地貌剖面的观察、记录和分析方法；能够识别基本的岩石类型；能够观测、识别褶皱、断层、节理等基本地质构造；能识别基本的地貌类型，并根据地形图和野外测量工具对地貌体进行定量量计。

（3）培养在野外对地质地貌观测的基础上进行综合分析的能力，了解雷公山自然保护区的地貌特征、地质构造特征与地貌演化之间的规律与关系。

（二）实习要求

（1）认识雷公山自然保护区的构造及构造地貌的基本特征，及其发展演化的过程。

（2）认识雷公山主要河流的流水地貌；认识雷公山坡地重力地貌形态特征；分析其地质

构造及岩性与河流地貌演化的关系。

（3）认识雷公山自然保护区的山地地貌类型、特征与分布，以及其形成因素。

（4）初步掌握野外地质构造、构造地貌的实地调查方法，提高地理野外调查的观察、分析、判断的综合实践能力。

（5）通过野外实习，验证、巩固、扩大和提高课堂教学的基础理论知识，培养独立工作能力和团结协作能力。

第二节　野外实习主要内容

一、植物地理与生态系统实习内容

（一）植物基本属性特征调查

1. 植物形态学观察、描述

在野外植物观察、识别以及标本采集和鉴定的过程中，随时注意观察、比较各种植物的形态特点。掌握常用的植物形态学术语，注意分析植物形态与环境的关系。在野外观察种子植物时，要了解它们所处的环境、形态特征，以及它们与环境之间的相互关系。

在野外观察一种植物时，主要侧重以下几方面：第一，认识植物所处的环境。植物生长地环境包括地形、坡度、坡向、光照、水湿状况、同生植物，以及动物的活动情况等。第二，植物习性。野外观察时要看该种植物的类型，对于草本植物观察其是一年生，还是多年生，是直立草本还是草质藤本；对于木本植物观察其是乔木、灌木还是半灌木，是常绿植物还是落叶植物，是肉质植物还是非肉质植物，是陆生植物还是水生植物或湿生植物，是自养植物还是寄生或附生植物、腐生植物等。第三，植物自身特性观察。包括根、茎、叶、花、果实和种子六部分。

2. 植物标本采集、制作

在野外对植被调查的过程中，需要采集部分植物样本，其目的有二：一是制作植物标本放至实验室；二是为对部分在野外无法鉴定的植物样本，带回学校进行鉴定。植物标本的采集与制作是植物地理室外调查的重要教学内容。

在实习过程中由教师带领学生到野外集中采集植物标本，需要注意的事项有：要求学生熟悉和掌握采集标本的方法，以及正确使用各种工具；主要采集雷公山常见的木本植物（乔木、灌木）和草本植物，特别要求对不同海拔代表性植被及特有植被进行标本采集。

3. 植被样方设置与植物种类鉴定调查

植被样方设置，通常按乔木 10 m×10 m，灌木按 5 m×5 m，草地按 1 m×1 m 的大小设置。在实习过程中，通常将土壤剖面设置于植物样方内。对样方小生境的调查，在植物地理与生态系统野外调查过程中，必须对所要调查的植物或植物群落的周围环境条件进行调查和详细记录，目的是为了考察、研究环境与植物或植物群落的关系。通常包括样地的经度、纬度、海拔、坡向、坡度、坡位、土壤厚度、枯枝落叶层厚度、腐殖质厚度、人为干扰、群落类型等做较为详细的调查和记录。样方植被按乔木层、灌木层、草丛层进行调查，分别对各种植被类型的数量、枝叶、花、果等方面进行调查与记录。

4. 样方植物群落生活型与生活型谱调查

生活型是植物对生长环境的长期综合适应而具有的一定形态外貌、结构和习性。某一地区内植物区系中各类生活型的百分率组成即称生活型谱。根据 Raunkier 系统，把高等植物划分为五大生活型类群。即高位芽植物（P）、地上芽植物（Ch）、地面芽植物（H）、隐芽植物（Cr）、一年生植物（T）。在样方内分层次有顺序地登记每个植物种类，可先登记高位芽植物（乔木）、地上芽植物（灌木），再登记地面芽植物（草本）、隐芽植物及地被物。

（二）植物数量标志调查

定量调查群落中植物个体、种群等特征，可准确地了解植物群落特征，分析各种植物之间的联系，判别植物群落间类型的差异，通常以密度、频度、盖度和优势度四项指标对群落的数量特征进行分析。

① 密度（density）：单位面积和空间上的实测数目。

密度（D）＝样方内某种植物的个体数/样方面积

相对密度（RD）＝[某种植物的密度($D_{某种}$)/全部植物种的总密度($D_{总}$)]×100

② 频度（frequency）：

频度（F）＝某种植物出现的样方数/全部样方数

相对频度（RF）＝（某种植物的频度/全部植物种的总频度）×100

频度的作用在于说明个体数量及其分布。频度指数越大，表明个体数量多且分布均匀，该物种在群落中所起的作用也大。

③ 盖度（coverage）：盖度指某种植物在群落中覆盖的程度。盖度有两种表达方式：一是投影盖度，二是基部盖度。投影盖度表示植物枝叶所覆盖的地面面积，以覆盖地面的百分比来表示。在林业上通常采用郁闭度来表示投影盖度。所谓郁闭度就是林冠彼此接触闭合的程度，一般以 0、0.1、0.2 等表示，完全郁闭时为 1。基部盖度指植物基部着生的面积。基部盖度一般通过量测基径然后计算获得。

④ 优势度或显著度（DE）＝样方内某种植物盖度或胸高断面积

相对优势度或相对显著度（RDE）＝（某种植物优势度/所有种的优势度之和）×100

（三）样方植物群落物种多样性分析

物种多样性是一项反映群落组织化水平，并通过结构与功能的关系间接反映群落功能特征的指标。通过对物种样方多样性的调查，可深入认识群落的性质，为群落的保护和利用提供依据等，通常运用辛普森多样性指数和香农-维纳多样性指数等指数进行计算。

（四）雷公山植被类型非地带性分异规律分析

植被分布主要受水热、地形等多方面因素影响，雷公山植被类型上是以亚热带植被类型为主，兼有高山带植被类型，其分布具有典型的垂直地带性分异规律。对其分析与研究，则主要从不同海拔段内植被样方的种类与特点进行。同时，还需要结合土壤分布分异的特点，综合分析出雷公山植被土壤生态系统的垂直地带性分异规律。

1. 植物垂直地带分布规律调查

依据雷公山山地地貌及中亚热带季风气候山地湿润气候的特征，调查研究、分析其所发育的各类土壤，以及典型山地植被。结合已有有关气候、植被、土壤等资料与数据，按海拔650～900 m、900～1 400 m、1 400～1 800 m、1 800～2 178 m 对雷公山植被类型进行垂直地带性的调查。

2. 相同海拔山体不同部位之间植被类型与生态系统差异调查

雷公山自然保护区面积达 47 300 hm²，其东侧主要位于榕江县，西侧位于雷山县；区内垂直海拔高差大，且包括了台状高山、波状中山和脊状中低山、低山，地形地貌复杂多样；同时保护区内还发育多条河流，众多峡谷与河流分布其中，造成其山体不同朝向与部位的气候、植物与土壤类型均有明显差异，形成典型非地带性分异规律。调查内容：选择不同位置典型样地对其植被空间分异特征与规律进行调查。

二、土壤地理野外实习主要内容

（一）土壤剖面位置选择与观察

1. 土壤剖面位置选择

在雷公山进行土壤剖面的选择，必须具有代表性，忌在受人为因素扰动的地方挖掘剖面。同时要选择在植物样方内或附近，有助于对植物与土壤的整体性分析。

2. 观察点土壤剖面位置小生境调查

主要对观察点海拔高度、土壤类型、植被类型、经纬度、土地利用方式、坡向与坡度等生境要素进行观察。

3. 土壤剖面观察

首先，主要对土壤剖面垂直结构层次的厚度进行测定，包括有机物层（O）、腐殖质（A）、淋溶层（E）、淀积层（B）、母质层（C）、基岩层（R），并绘制其土壤剖面结构层次图；其次对各层土壤颜色、水分状况、结构、质地（国际制）、砾石比例、植物根系、侵入物、土层间过度明显程度等方面进行详细的观察、记录。

（二）土壤垂直地带性分析

雷公山山地由于地形地貌复杂，随着海拔增加，土壤形成的生物、气候条件产生相应的变化，致使土壤形成类型和分布产生垂直分布变化的现象非常显著。从山麓至山顶，选择土壤剖面观察点，对其土壤类型特征进行观察与识别，从而分析雷公山土壤类型的垂直地带性分异规律。

三、地质、地貌野外实习主要内容

（一）雷公山地质构造地貌观察与调查

雷公山自然保护区在大地构造上隶属于扬子准地台东部江南台隆主体部分之雪峰迭台拱。区内出露地层古老，地壳运动繁复。加里东运动形成了区内主要的构造骨架，燕山、喜马拉雅山运动的形迹多次迭加其上。造成区内褶皱并不紧密，断层不多见，但节理发育却非常繁杂而密集。

对褶皱的观察：以对雷公坪向斜进行观察为主，观察过程中主要对岩层的新老关系，以及地形地貌进行观察识别。出露地层核部为番召组第二段，翼部为乌叶组及番召组第一段。两翼近于对称，地层倾角一般为10°～30°，轴面微向北西倾斜。核部具有较多小褶曲。

对节理的观察：雷公山节理发育复杂，纵节理、横节理和斜节理等常见。可在公路边选择观察点对节理特征进行观察。观察主要包括：节理观察点的地质背景；节理发育程度；节理组合形式的观测，要注意观察节理组合形式和截切的块体所表现出的节理整体特征；节理面的观察，主要观察节理面的形态和结构细节、节理面的平直光滑程度、是否有擦痕、节理是否被充填，以及充填物结晶状态和结晶方位、节理是否含矿以及含矿节理占节理总数的百分数等方面。

（二）雷公山山地地貌类型观察与调查

雷公山自然保护区地貌是前震旦系浅变质岩石受构造强烈抬升及流水侵蚀切割而形成的侵蚀地形，主要山地地貌形态可划分为台状高中山、波状中山、脊状低中山及低山 3 种地貌类型。

对台状高中山的观察：台状高中山山势雄伟，具有连绵浑圆山脊，形成宽广平缓的台地地形，水系发育差，海拔一般在 1 800 m 以上。

对波状中山的观察：波状中山山脊平缓，呈波浪状，山坡坡度一般 25°～35°，水系发育。雷公山的波状中山是围绕雷公山主脊带分布，构造上位于雷公坪向斜两翼，形成雷公山主脊外围的次级山体，山地海拔高程 1 350～1 750 m。

对脊状低中山及低山的观察：主要特征是山脊狭窄，山地斜坡上缓下陡，河谷多呈现为谷中谷形态。海拔高程 650～1 350 m，相对高程 250～600 m。集中分布在东部的毛坪、小丹江、方祥及石灰河一带，西部及西南部的白水河、响水河及桃江河谷地带有小面积分布。

（三）雷公山河谷地貌观察与调查

雷公山是黔东南州主要河流的发源地，河流众多，其河谷地貌形态主要包括河谷纵剖面形态地貌、河谷横剖面形态地貌、河谷裂点地貌、河谷阶地地貌等地貌类型。

对河谷纵剖面形态地貌的观察：雷公山区内河谷纵剖面陡峻，其形态多呈上陡下缓的折线型，上游比降大，下游比降小，从实习调研难易考虑可选择以巴拉河中、上游段为主要观察与调查对象。

对河谷横剖面形态地貌的观察：雷公山区内河谷横剖面形态以"V"型谷为主，河谷窄狭，谷坡陡峻，河谷阶地发育极差。

对河谷裂点形态的观察：雷公山区内河谷裂点以瀑布为主要表现形式，是河流侵蚀受新构造强烈抬升和岩石力学性质差异的影响而形成的。在河谷裂点之上，往往地形较宽坦，具有早期宽谷地貌的特征；裂点之下则河谷深切狭窄，地形起伏较大，呈现峡谷、嶂谷地貌景观。

对河谷阶地地貌的观察：在雷公山发育河流的下游河流阶地发育典型（选择巴拉河较为方便），主要为四级阶地。对区内巴拉河流域可进行河流阶地的观察与调查。

（四）雷公山地层岩石类型调查

雷公山自然保护区的岩石主要是受浅变质作用形成的变质岩，保护区内以板岩为主，其次是变余砂岩和变余凝灰岩。在板岩中，又主要是绢云母板岩和粉砂质绢云母板岩，其次是含炭质绢云母板岩，再次是钙质绢云母板岩。其中，绢云母板岩和粉砂质绢云母板岩主要分布于雷公山自然区内的中部，以及东部的部分地区。主要包括雷公坪和雷公山南北向走一线，交包、迪气、毛坪一线，以及以昂英为中心的南北向一线等三条南北向分布范围带。含炭质绢云母板岩则主要分布在石灰河、方祥、毛坪一线。变余砂岩、变余粉砂岩及板岩组则主要分布在雷公山西部，中部也有部分分布。凝灰岩则主要分布在区内最西部及最东部的边缘地带。

对绢云母板岩和粉砂质绢云母板岩的观察：岩石呈灰至深灰微绿色，薄—厚层状，并残存原岩中由泥质和粉砂质相间构成的复理石韵律微细层理。

对含炭质绢云母板岩的观察：岩石呈黑灰色，中厚层状，具弱丝绢光泽，断口为千枚状，节理比较发育。

对变余砂岩的观察：岩石为浅灰至深灰色中厚—厚层状，致密坚硬，其中碎屑物和胶结物约各占一半。

对变余凝灰岩的观察：其矿物组成以由火山玻璃分解而成的隐晶硅质、鳞片状绢云母为主，次有绿泥石以及石英、长石、黑云母之晶屑，岩石致密坚硬，比较难以风化。

第三章　雷公山自然地理综合实习路线及观察内容

一、路线选择与观察点选择

（一）植物地理和生态系统野外实习路线与观察点选择

1. 路线选择

热量与水分以及两者的配合状况，是决定许多植被形成带状分布的根本因素。雷公山自然保护区植物的分布还受地形、地貌、地质等众多因素的影响，其植被类型与分布更加复杂多样，植被的非地带性分异规律是也其主要特点。因此，野外植物与生态系统的调查路线，应尽量满足非地带分异规律的调查与研究。主要原则有以下两方面：第一，要选择代表研究区山麓至山顶山地植被垂直地带性分异的完整线路，并能经过不同海拔高度的主要植被类型，还要考虑研究区不同海拔的主要优势物种、代表种的集中分布区；第二，应考虑地形、地貌、土壤等因素对植物分布的影响。

2. 观察点选择

植物地理与生态系统的样地调查的观察点，必须选在样本植物具有代表性、典型性的地段，且应选择最能反映植物与生境协调一致的生物群落。

观察点通常应选择在：

（1）能够反映植物群落基本特征的一定地段，种类成分分布均匀一致。

（2）群落结构完整，层次分明。

（3）生境条件一致（地形和土壤），能够反映该群落生境特点的地段。

（4）样地要设在群落中心的典型部分，避免选在两个类型的过渡地带。

（5）不宜选在受人为干扰较大的地段。

综上所述，雷公山自然地理综合实习路线选择，需要针对同一条线路的植被、土壤、地质地貌、岩石等多要素，进行调查实习线路的综合考虑，并将观察点在线路上进行合理布置与安排。

（二）土壤地理野外实习路线选择

1. 路线选择

土壤路线调查虽然是在一个较大空间范围内进行土壤的踏勘，但最后是以一个选定的剖面点记录和分析作为某一类土壤的代表，具有以点代面的突出特点。因此，土壤剖面选点非常重要，必须有典型性和代表性。由于土壤与成土因素之间的关系是统一的，因而选线通过各种成土因素的典型地段，就可以见到各种典型土壤类型。一般在山区土壤调查中，选择一个理想、有代表性的土壤剖面相对要困难些，特别是在地形变化复杂、母岩母质多样的地方，土壤变异性更大。因此应特别留意这些变化的规律与环境条件的关系，找出代表性的典型部位进行挖掘。所以，在山区土壤调查路线调查选线，首先要遵循垂直地等高线的原则，使选定路线从山下到山上，能经过不同海拔高度的各种植被、母质类型，以及通过不同的土壤垂直带。其次，还应考虑山体的大小，注意丘陵、浅山、中山和高山之别，以及不同坡向、不同坡度及局部地形对土壤形成发育造成的差别。此外，山区选线最好从河谷起，这样还可观察到河流水文、母质与地形等对土壤形成和分布的影响。

2．观察点选择

雷公山自然保护区的土壤野外实习与调查是在较大区域内进行的，且山地陡峭，地形复杂；同时实习时间有限，内容繁多。因此，土壤剖面的挖掘与观察为主要实习内容。因每种土壤类型至少要有一个剖面点，观察点通常应选择在：

（1）要能够代表调查地段的土壤特点。

（2）要有比较稳定的土壤发育条件。

（3）不宜在受人为干扰较大的地段（如公路旁、铁路、住宅、村镇、水利工程）开挖剖面。

（三）地质、地貌野外实习路线与观察点选择

1．路线选择

地质地貌调查必须查明各类地质构造的典型代表处的地质构造地貌与岩层、各类地貌单元与地貌类型，以及它们之间的相互关系。因此，其调查路线可分为方格状、放射状或环状。安排调查路线遵循以下原则：

（1）穿越所有的地貌单元，追索地貌单元的界限。

（2）涉及每个地貌单元之中的地貌类型，追索每个地貌类型之间的界限。

（3）调查路线要经过有意义的地质带和地貌点的基岩露头、采石场等。尽量经过多种不同的地貌类型。同时要适当安排顺地貌走向的路线，如沿河谷、冲沟、海岸线进行路线调查，以及经过调查区地貌分割和结构最有意义的部位，如山顶、谷底。

2．观察点选择

调查路线确定以后，每条调查路线上的观察点可以大体根据地形图遥感影像或航空照片确定。地貌观察点的选择通常要注意下述几点：

（1）地貌类型典型的地方。

（2）地貌类型变化的部位。

（3）露头和剖面出露完好的地方，特别是一些人工开挖的剖面。

（4）对能阐明调查区地貌发育中观察过的地貌类型、地貌现象，应特别加以观察，以便于比较。

（5）对能阐明调查区地貌发育历史比较关键的地貌现象。

（6）对能观察到大范围地貌景观的制高点，以及说明地貌特征的地形转折点，如山顶、分水岭、山脊、河谷等。

（7）前人工作过的典型剖面或地点。

（8）航片、卫星图像上发现的不能解释或有意义的特殊地貌现象。

观察点的选择在地貌调查中十分重要，一个好的观察点，特别是那些能观察到调查区具有代表性地貌结构的观察点最有意义。根据这些观察点绘出的典型地貌剖面可以明确说明该地区地貌的发育历史，许多重要的地貌研究成果都是以完好的典型地貌剖面为依据的。

二、雷公山自然保护区主要实习路线及其实习内容

（一）路线1：季刀苗寨—康利水厂路口

具体路线：季刀苗寨—（雷山县城）—白岩村—雷公山国家森林公园景区大门—响水岩瀑布观景点—乌东村寨—康利水厂路口。该路线位于雷公山山系的西部，主要对其地质地貌、岩石、植被等方面特征进行实习考察（见图3.1[①]）。

图3.1　实习路线1的路径图

1. 目的和要求

（1）对照地形图，地质、地貌图，雷公山自然保护区的地理位置、范围及其河流水系概况进行了解、熟习。初步掌握雷公山西部的地形概况，了解雷公山地质构造特征，主要地层岩石等。

（2）观察分析发源于巴拉河流域的由下游向源头一线：季刀寨、雷山县城、响水岩瀑布、巴拉河上游等一线的河流地貌形态与特征，了解季刀村寨河段的河谷地貌形态与谷底堆积物及其成因，分析构造、岩层、地形、地势与巴拉河流发育演化的关系。

（3）通过白岩村、乌东村观察脊状低中山及低山地貌、波状中山地貌的形态特征。

2. 观察点及调查内容

观测点1：季刀苗寨，巴拉河下游右侧。

GPS定位：N 26.487 8°；E 108.076 1°；H 783 m。

① 观察巴拉河中游河谷地貌形态。巴拉河发源于雷公山牛鼻山西麓，经雷山县丹江镇、

凯里市及台江县，至台江县施洞口乡石家寨村汇入清水江。季刀村寨位于巴拉河流出雷公山经过雷山县城后的中游河段，其河谷地貌先后分别经历了侵蚀和沉积的两个过程，河谷阶地地貌特征与沉积堆积物特征典型。其沉积堆积物以来源于上游的粗粒砾石为主，河谷阶地一般可达 3～4 级。教师可指导学生观察河流阶地、江心洲等地貌形态，以及河床沉积、堆积物，测量各级阶地与河面的高差，分析河流两岸的各级阶地地貌演化与河流侵蚀与沉积作用过程的关系，并绘制河流剖面图（见图 3.2、图 3.3）。

图 3.2　巴拉河季刀寨河谷阶地地貌

图 3.3　巴拉河季刀寨河谷江心洲地貌

② 观察季刀村寨河岸山体岩石。该处基岩主要为清水江组，主要分布为深灰色变余凝灰岩。变余凝灰岩主要分布于清水江组，在乌叶组第一段常见。矿物组成以火山玻璃分解而成的隐晶硅质、鳞片状绢云母为主，其次有绿泥石以及石英、长石、黑云母的晶屑。岩石致密坚硬，较难以风化。教师可指导学生对其河岸出露岩层的类型、性质、岩层产状等特征进行观察与识别（见图 3.4、图 3.5、图 3.6）。

图 3.4　季刀寨深灰色变余凝灰岩

图 3.5　季刀寨岩层走向测定

图 3.6　季刀寨岩层倾角测定

③ 观察季刀村寨周边林地植被土壤类型与特征。季刀村寨属低山河谷地，海拔一般在 700 m 左右，两侧山体可达 800 m 左右。气候属典型亚热带湿润气候，全年温暖湿润。土壤是山地黄壤，植被属中亚热带东部湿润常绿阔叶林。主要植被为甜槠栲、中华槭、杉木、马尾松、署豆、银木荷、木莲、石砾、丝栗栲为主的常绿阔叶林，部分植物采集图如图 3.7、图 3.8 所示。由于人类活动强烈，原生植被极少，次生植被以油桐、松杉等为主。可组织学生认识雷公山自然保护区低山河谷地带地理环境特征，包括海拔、地形、地貌、植被、土壤类型等，分析其植被土壤类型与特征。

蓼目（Polygonales），蓼科，扁蓄属。多年生匍匐草本。茎丛生，基部木质化，节部生根，节间比叶片短；多分枝，疏生腺毛或近无毛，一年生枝近直立；叶片卵形或椭圆形，长 1.5 ~ 3 cm，宽 1 ~ 2.5 cm，全缘，边缘具腺毛，两面疏生腺毛（见图 3.7）。

图 3.7　头花蓼草，季刀寨

甜槠又称园槠[Castanopsis eyrei（Champ.）Tutch.]，山毛榉目，壳斗科，锥属。常绿大乔木，遍生山地，高达 20 m；大树的树皮纵深裂，厚达 1 cm，块状剥落；叶革质，卵形，披针形或长椭圆形，顶部长渐尖，常向一侧弯斜，基部一侧较短或甚偏斜；雄花序穗状或圆锥花序，花序轴无毛，花被片内面被疏柔毛，雌花的花柱 3 或 2 枚；坚果呈阔圆锥形，顶部锥尖，宽 10 ~ 14 mm，无毛，果脐位于坚果的底部。花期 4 ~ 6 月，果次年 9 ~ 11 月成熟（见图 3.8）。

图 3.8　甜槠，季刀寨

观测点 2：白岩村，位于雷公山西南山部。

GPS 定位：N 26.380 6°；E 108.121 6°；H 1 030 m。

对雷公山脊状低中山及低山地貌的观察。该观察点位于白岩村寨的公路边，该段脊状低中山及低山位于雷公山复式背斜两翼的西部，断裂裂隙密集发育，节理众多，为流水侵蚀切割提供了良好通道，从而形成河谷切割强烈、山脊狭窄等地形地貌，形成典型中低山脊状山体。白岩村寨下河谷即为巴拉河干流，具备良好的观察周边地形地貌优势。运用地形图、地质图、GPS 等，组织学生观察雷公山脊状低中山及低山的典型分布区，识别其脊状低中山及低山的特征（见图 3.9）。

图 3.9　白岩村对面脊状中低山地貌

观测点 3：雷公山国家森林公园大门口。

GPS 定位：N 26.380 6°；E 108.127 6°；H 1 075 m。

观察重力作用地貌。雷公山区地层古老，地貌受长期剥夷侵蚀作用，斜坡残积、残坡积岩屑等松散堆积物厚。同时，雷公山地形山坡陡峻，浅变质岩坡面上构造风化网状裂隙发育强烈，在内外营力作用下导致其坡体稳定性极差，沟蚀、滑坡、崩塌等地质作用极易发生。组织学生观察识别其基本地理环境特征。配合地形图、地质图等，分析其岩石特征，识别岩石类型，并对其岩层产状进行调查，重点观察坡地重力崩塌地貌及风化壳形态特征（见图 3.10、图 3.11）。同时还可对景区大门附近的板栗、杉树、葛根、泡桐树等植被类型进行识别。

图 3.10　雷公山景区大门重力崩塌堆积地貌

图 3.11　雷公山景区大门处浅灰色变余砂岩

葛根（Lobed kudzuvine root），豆科，葛属。粗壮藤本，长可达 8 m，全体被黄色长硬毛，茎基部木质，有粗厚的块状根；羽状复叶具 3 小叶，托叶背着，卵状长圆形，具线条；小叶三裂，偶尔全缘，顶生小叶宽卵形或斜卵形。总状花序长 15～30 cm，中部以上有颇密集的花；荚果长椭圆形，长 5～9 cm，宽 8～11 mm，扁平，被褐色长硬毛。花期 9～10 月，果期 11～12 月（见图 3.12）。

图 3.12　葛根，景区大门

杉树（Cunninghamia R. Br），柏科，杉木属。常绿乔木，树干端直，大枝轮生或近轮生。叶螺旋状排列，散生，很少交叉对生（水杉属），披针形；球花单性，雌雄同株，球花的雄蕊和珠鳞均螺旋状着生，很少交叉对生（水杉属）；球果当年成熟，熟时张开，种鳞（或苞鳞）扁平或盾形，木质或革质（见图3.13）。

图 3.13　杉树，景区大门

板栗（Castanea mollissima），壳斗科，栗属。大部分是 20～40 m 高的落叶乔木，只有少数是灌木；有可以食用的坚果；单叶、椭圆或长椭圆状，10～30 cm 长，4～10 cm 宽，边缘有刺毛状齿。雌雄同株，雄花为直立柔荑花序，雌花单独或数朵生于总苞内。花期 5～6 月，果熟期 9～10 月（见图3.14）。

图 3.14　板栗，景区大门

观测点 4：响水岩瀑布观景点（公路边观景点观察）。

GPS 定位：N 26.3733°；E 108.1460°；H 1 220 m。

① 观察响水岩瀑布处河谷地貌。在莲花坪以下至响水岩水库一线，由流水侵蚀新元古界再瓦组板岩夹少量变质粉\细砂岩形成的一条全长约 8 km 的峡谷地貌景观。峡谷呈"V"字形，谷坡下陡上缓，谷底狭窄，坡降大，瀑布跌水发育。雷公山地区大地构造属于与扬子准地台并列的华南褶皱带，从武陵构造阶段早期的大洋壳，经雪峰至加里东构造阶段，逐渐过渡到早古生代末的广西运动发生基底褶皱，并进入稳定地台阶段。其后又经多次构造运动，使该区褶皱隆起，并发生严重剥蚀。在上述地质背景下，自喜马拉雅运动以来，雷公山在一系列外营力作用下，沿着北北东向断裂带，形成明显断块山，并在风化剥蚀、流水切割等作用下，地形强烈切割，导致山坡陡峻，造就了坡度比降大的河谷纵向形态地貌及 V 形河谷剖面形态

特征。通过地形图等认识响水岩瀑布在巴拉河流域的位置，运用罗盘、地形图、地质图、GPS等，识别其海拔、地形、岩层、地质构造等地理环境特征，分析其纵剖面地貌，初步估算其坡度比降，简画其河谷纵剖面与横剖面图，分析其成因（见图 3.15）。

图 3.15　响水岩瀑布与 V 形河谷

②周边主要植物种类的观察与认识。该观察点植被以原生林和次生林混交，主要有马尾松、杉木、光皮桦、五裂槭、响叶杨、化香、枫香、白栎、麻栎、野樱桃、杨梅等乔木，还有马银花、皂柳、滇白珠、映山红等灌木，草本有芒草、大叶醉鱼草、朝天罐、蕨等。

马尾松（Pinus massoniana lamb），松科，松属。乔木，最高达 45 m，胸径 1.5 m；树皮红褐色，下部灰褐色，裂成不规则的鳞状块片；枝平展或斜展，树冠宽塔形或伞形，枝条每年生长一轮；针叶 2 针一束，稀 3 针一束，长 12～20 cm，细柔，微扭曲，两面有气孔线，边缘有细锯齿（见图 3.16）。

图 3.16　马尾松，响水岩

观测点 5：乌东村。

GPS 定位：N 26.380 7°；E 108.154 5°；H 1 310 m。

①对脊状低中山及低山地貌与波状中山地貌分别进行观察与认识，分析其特征。乌东村海拔约 1 300 m，是雷公山主脊山体第二级山体与山麓的交汇处，山体多处于波状中山与脊状中低山地貌的分界区，也是响水岩瀑布群的集中分布区，地形切割强烈、山体陡峭、坡度大，地形崎岖，山顶剥夷面全部消失，山脊突出。在乌东村主要可观察到典型脊状低中山地貌，同时还可观察位于更高海拔山地的波状中山轮廓形态，可对两种地貌形态进行对比观察分析

（见图 3.17）。

图 3.17　脊状中低山地貌

　　② 观察新修公路边的挖掘岩层剖面。在雷公山乌东村至雷山县黄里坳，有新建的一条的旅游公路，建设过程中在乌东村开挖出大量块径 2～4 m 石块（见图 3.18），其岩性是变余砂岩（见图 3.19），这类岩石在未经受构造作用及风化作用时，其结构致密，岩性坚硬，孔隙度极小。这些巨大石块的存在，表明该区域在地质构造作用下，产生了地形强烈切割，形成深沟与悬崖。在形成密集深切河流的同时，两侧山体在构造作用过程中不断发生大量巨大岩石崩塌，并有部分滚入河谷（见图 3.20）。教师可组织学生对该点进行观察，让学生了解该区岩石类型、特征，了解其地质作用过程及周边深切河谷的产生机理。

图 3.18　乌东村新建公路挖出巨大崩塌块

图 3.19　乌东村浅灰色变余砂岩　　　　图 3.20　响水岩河谷中巨大石块

③周边主要植物种类的观察与认识。乌东村附近是以多脉青冈林、水青冈、马尾松、杉树为主植被类型，其中常绿阔叶林树种有岭南石栎、杨梅、木荷、马尾松、杉树等。落叶树种有多脉青冈、水青冈、板栗、野茉莉、枫香等。灌木有映山红、马银花、含笑、长蕊杜鹃、小果南烛、短柱柃、油茶、老鼠矢、木姜子、异叶榕、青荚叶等。草本则有芒草、淡竹叶、淫羊藿、锦香草、金星蕨等。

木荷（Schima argentea pritz），茶科，木荷属。乔木，嫩枝有柔毛，老枝有白色皮孔；叶厚革质，长圆形或长圆状披针形，先端尖锐；基部阔楔形，上面发亮，下面有银白色蜡被；侧脉 7～9 对，在两面明显，全缘；叶柄长 1.5～2 cm。花数朵生枝顶，直径 3～4 cm（见图 3.21）。

图 3.21 木荷，乌东村

水青冈（Fagus longipetiolata），壳斗科，水青冈属。乔木，高达 25 m；树干通直，分枝高，冬芽长达 2 cm。叶薄革质，卵形或卵状披针形，长 6～15 cm，宽 3～6.5 cm；边缘具疏锯齿，幼叶背面被贴伏的短绒毛；侧脉 9～14 对，直达齿端；成熟总苞斗瓣裂，长 1.8～3 cm，密被褐色绒毛；花期 4～5 月，果熟期 8～9 月（见图 3.22）。

图 3.22 水青冈，乌东村

观察点 6：雷公山康利水厂公路与去雷公山山顶交叉路口。

GPS 定位：N 26.378 0°；E 108.193 8°；H 1 603 m。

对公路边岩层剖面进行观察，识别其岩性，分析其基本特征。

观察 1 点位（见图 3.23）。点位位于通往雷公山康利水厂公路与去雷公山山顶交叉路右侧，其岩层属于番召组第二段的绢云母板岩。岩层为浅灰、灰色板岩，表面富金属光泽，岩石中含有石英、隐晶硅质、绿泥石等。雷公山小区的番召组，早期沉积为浊积扇中部的砂岩、粉砂岩与黏土岩夹层，晚期沉积则为浊积扇下部，沉积物主要是层纹状含砂质黏土岩。

图 3.23　康利水厂路口右侧绢云母板岩

　　观察 2 点位（见图 3.24）。点位位于通往康利水厂交叉路口公路左侧。观察点位于公路边，系修筑扩宽公路新挖掘剖面。地段岩层属于番召组第二段的粉砂质绢云母板岩，岩石中元素以 Si、Al、Fe 含量相对较多，含有石英、绿泥石等矿物，岩石呈灰色、深灰色。岩层为粉砂质，呈经变质作用的板状形态。岩层因构造作用和受风化作用，节理与裂隙密布，岩石破碎度高，崩落现象显著。

图 3.24　康利水厂路口左侧粉砂质绢云母板岩

　　（二）路线 2：格头村—雷公坪山顶

　　具体路线（见图 3.25）：格头村—方祥镇—陡寨村寨—雷公坪山腰中下部—雷公坪山腰中上部—雷公坪山顶。该线路位于雷公山系的东部及东北部，主要通过对雷公山珍稀物种秃杉特征及其生长地理环境的认识，以及对方祥、陡寨至雷公坪一线的植被、土壤类型的调查，分析其垂直地带性分异规律。

图 3.25　实习路线 2 的路径图

1．目的和要求

（1）对照地形图、水文地质图、地貌图，对雷公山自然保护区格头—方祥—陡寨—雷公坪沿线的地理位置、范围及其河流水系概况进行了解、熟习，了解雷公山东部、东北部的地形地貌概况，了解雷公山格头—方祥—陡寨—雷公坪沿线的地质构造及主要地层岩性。

（2）观察雷公山格头村—方祥镇—陡寨村寨—雷公坪沿线的植被、土壤类型与特征，分析沿线植被、土壤的垂直分异规律。

（3）观察格头村秃杉的主要分布范围，了解格头村岩性，调查秃杉分布区的主要植物类型与土壤类型。

2．观测点及调查研究内容

观测点 1：方祥镇格头村秃杉分布处。

GPS 定位： N 26.416°；E 108.267°；H 1 152 m。

① 观察格头村秃杉的分布区域与范围，认识秃杉的植物形态特征。

秃杉（Taiwannia flousiana），属于杉科、台湾杉属的一个种，为第三纪古热带植物区子遗植物，属国家一级保护植物，对研究我国历史植物区系以及古生物、古气候及古地质学都有重要意义。秃杉为常绿乔木，大枝平展，小枝细长而下垂，最高可达 70 m，直径可达 2～3 m。叶在枝上的排列呈螺旋状，互生。其幼树和老树上的叶形有所不同，幼树上的叶尖锐，为铲状钻形，两侧扁平，老树上的叶呈鳞状钻形，从横切面上来看，则呈三角形或四棱形。短柱形或长椭圆形的球果较小，直立，种鳞扁平，苞鳞不发育。

雷公山是贵州省秃杉集中分布的唯一地区，分布在海拔高度 800～1 300 m，主要分布在土壤厚、气候温暖、雨量充沛、云雾多、凝冻少的沟谷地带的山坡凹部、阴坡及半阴坡，坡度均在 30°以上的位置。主要在雷山县方祥镇格头村、方祥镇，剑河的昂英、桥水，榕江县小丹江村，以及台江县的交包村等地有成片分布。但由于受到村民做家具、建造房屋、毁林开荒等多种人类活动方式的影响，目前天然秃杉集中连片分布仅有几处，多成单株零星分布。教师可组织学生对秃杉形态特征及其生长生境进行调查研究，并了解周边生态环境特征（见图 3.26、图 3.27、图 3.28）。

图 3.26　格头村老秃杉树（1）　　图 3.27　格头村老秃杉树（2）

图 3.28　格头村秃杉保护碑

② 观察格头村主要基岩土壤及植被。

基岩：格头村基岩为深灰、灰黑色炭质绢云母千枚岩（见图 3.29）。该类千枚岩中绢云母比重较大（一般是 85%～95%），还含有少量石英、长石等碎屑矿物，并含炭质、绿泥石、黄铁矿等。绢云母千枚岩的原岩通常为泥质岩石（或含硅质、钙质、炭质的泥质岩），粉砂岩及中、酸性凝灰岩等，经区域低温动力变质作用或区域动力热流变质作用的底绿片岩相阶段形

图 3.29　格头村公路炭质绢云母千枚岩

成。土壤：格头村土壤为硅铁质黄壤，厚度一般在 80 cm 以上。通常林下是黑褐色枯枝落叶层，呈黑色的粒状、疏松及湿润轻壤质的特征；腐殖质层含有大量的植物根系；淋溶与淀积层呈棕黄色、粒状、较疏松、潮、中壤质的特征。

格头村植物，常绿树种有秃杉、杉木、马尾松、丝栗栲、薯豆、杨桐、黔桂润楠、匙叶栎、长蕊杜鹃、光皮桦、木荷及云贵鹅耳枥、甜槠栲，水青冈、山柳、楤木等。灌木层有糙叶树，大果蜡瓣花、穗序鹅掌柴、尖叶山茶、新木姜、木莲、油茶、白栎、水果南烛、映山红、茅粟、木姜子、水竹、西南绣球、金丝梅、柃木、全缘火棘等。草本层以芒萁占优势，其次有狗脊、蕨、石松、乌蕨、江南卷柏、紫花地丁、白茅、矢葵、光里白、福建观音座莲、狗脊、华山姜、阔叶土麦冬、麦冬等。教师可组织学生进行以秃杉分布为中心的植物样方调查与土壤剖面的观察，加强对秃杉生长环境的认识与了解。

观测点 2：方祥镇陡寨村。

GPS 定位：N 26.447°；E 108.271°；H 1 016 m。

① 主要观察巫密河上游支流的河谷地貌特征，观察河谷周围的脊状低中山及低山的形态与特征。发源于雷公坪的河流经陡寨村前河谷汇入巫密河干流，其河谷地貌属于中低山河谷地貌（见图 3.30）。两岸山地坡度较陡，周围山地则属脊状低中山与低山地貌，但由于雷公山新构造活动差异，三剥夷面较雷公山西部保留稍好，山脊相对较平缓（见图 3.31）。同时由于人口密集，人类活动对土地影响作用强烈，耕地上线已经达海拔 1 250 m 左右。教师可组织学生在方祥镇汽车站处观察河谷地貌形态。

图 3.30　方祥镇河谷地貌

图 3.31　方祥镇陡寨村脊状低山地貌

②土壤仍以山地黄壤为主，为轻、中壤质土，受人类耕作活动影响强烈。主要植被类型面积以农作物比重最大，乔木以人工林杉树及马尾松为主，其他树种成片分布的较少。在荒山及耕地周边以灌草丛为主。农作物以水稻、玉米等为主。主要乔木有马毛松、杉木、黄皮树等（见图3.32）。灌木层中的植物种类复杂，常见有油茶、白栎、水果南烛、茅栗、金丝梅、枪木等。草本层主要有狗脊、石松、乌蕨、紫花地丁、白茅、矢葵等。教师可组织学生在陡寨处观察主要地貌类型及其土壤植被类型。

图3.32　黄皮树，陡寨村

黄皮树（Phellodendron chinense），芸香科、黄檗属。乔木植物，高10～12 m。树皮开裂，无木栓层，内层黄色，有黏性，小枝粗大，光滑无毛。单数羽状复叶对生，小叶7～15，矩圆状披针形至矩圆状卵形，长9～15 cm，宽3～5 cm。花单性，雌雄异株，排成顶生圆锥花序。浆果状核果球形，直径1～1.5 cm，密集，黑色，有核5～6（见图3.32）。

观测点3：雷公坪山腰中下部。

GPS定位2：N 26.452 0°；E 108.257 1°；H 1 367 m。

①观察认识周边地貌形态特征。该观察点位于脊状中低山的上限附近，可观察到脊状中低山山顶地貌特征，还可观察到波状中山低处（见图3.33）。雷公山东部及东南部的波状中山、脊状低中山地貌面积均较大，土层深厚且结构疏松，岩石风化强烈，残积层厚可达10 m。脊状低中山地貌河谷下切，山体坡度较陡。波状中山山体起伏相对和缓，山体连绵呈波浪状，但山体坡度一般在25°左右，其山脊面相对雷公山西部更为平缓。

图3.33　雷公坪山腰脊中低山及波状中山

②观察点植被的调查，观察土壤类型及剖面结构特征。植被：主要乔木树种有：常绿树种有马尾松、杉木、华山松、光皮桦、长梗木莲、薯豆等；落叶树种有：水青冈、亮叶水青冈、多脉青冈、中华槭、板栗、白辛树、曲果玉兰、水青树等；灌木层优势种不突出，主要有马银花、皂柳、滇白珠等；草本层多芒草等。主要植被如图3.34、图3.35所示。土壤：观察点土壤属山地黄壤（见图3.36），土层较深厚。枯枝落叶层约5 cm，呈黑色；腐殖层厚约12 cm，呈浅灰棕色；淋溶层厚25~40 cm，呈黄色及黄棕色。腐殖层中根系密集，粗根与细根量多；淋溶层内粗根较多，细根稍少。腐殖层与淋溶中均含有粗砾石。土质为中壤土，有机质含量高。土壤pH为4.5~5.5，酸性较强。

图3.34　华山松，雷公坪山腰

图3.35　凹叶木兰，雷公坪山腰

图3.36　雷公坪山腰山地黄壤剖面

对土壤剖面的观察与生境调查可按表3.1进行详细调查，其主要调查内容包括观察点的生境特征、样地小地名、样地编码、经纬度、海拔高度、土地利用方式、坡度、坡向、植被类型等信息（见图3.37）。

图 3.37　雷公坪山腰树林样方调查

表 3.1　样地土壤剖面调查样表

样地地点＿＿＿＿＿　样地编码＿＿＿＿＿＿＿＿＿　土壤类型＿＿＿＿＿＿＿　母质＿＿＿＿＿＿＿

植被类型＿＿＿＿＿　土地利用方式＿＿＿＿＿＿＿　海拔高度＿＿＿＿＿＿＿　经纬度＿＿＿＿＿＿＿

坡度＿＿＿＿＿　坡向＿＿＿＿＿　时期＿＿＿＿＿＿＿　照片编号＿＿＿＿＿＿　记载人＿＿＿＿＿＿

项　　目	发生层					
层次名称	有机物（O）	腐殖质（A）	淋溶层（E）	淀积层（B）	母质层（C）	基岩层（R）
深度/cm						
土层间过度明显程度						
剖面描述　土壤颜色						
水分状况						
结　　构						
质地（国际制）						
砾石比例						
植物根系						
侵入物						

　　华山松（Pinus armandii franch.），松科，松属。是松科中的著名常绿乔木品种之一。华山松是一种大乔木；幼树树皮灰绿色或淡灰色，平滑，老时裂成方形或长方形厚块片；球果幼时绿色成熟时淡黄褐色，种鳞先端不反曲或微反曲，鳞脐不明显；种子无翅，两侧及顶端具棱脊；喜温凉湿润气候，不耐寒及湿热，稍耐干燥瘠薄（见图 3.34）。

　　凹叶木兰（Maonoliaceae），木兰科，木兰属。凹叶木兰，又称姜朴、应春花、厚皮（四川），是中国的特有植物。落叶乔木，高 8～20 m，直径 1 m；当年生枝黄绿色，后变灰色；叶近革质，倒卵形（很少长圆状倒卵形），长 10～19 cm，宽 6～10 cm；先端圆、凹缺或具短尖，基部狭楔形或阔楔形；上面暗绿色，无毛，有光泽，下面淡绿色（见图 3.35）。

　　观测点 4：雷公坪山腰上部。

　　GPS 定位 1：N 26.458 7°；E 108.249 8°；H 1 720 m。

　　① 对雷公坪山顶台状高中山地貌的观察。从观察点附近，可清楚观察 1 800 m 左右的台

状高中山地貌。观察点周围，呈西北向东南平缓降低趋势，地形宽广平缓，地表无明显河流水系，为台状高中山，密布低矮落叶林及苔藓矮林。雷公山是前震旦系浅变质岩石受构造强烈抬升及流水侵蚀切割而形成的侵蚀构造地形，雷公坪向斜轴部附近则新构造抬升强度更大，河流溯源侵蚀未到达，因而形成宽缓的地形；山势雄伟，山脊浑圆连绵展布，形成了宽广平缓的台状高中山地貌（见图 3.38、图 3.39，雷公坪盆地东南侧）。

图 3.38　雷公坪台状高中山地貌（冬季相）　　　图 3.39　雷公坪台状高中山地貌（夏季相）

②观察认识雷公坪山腰上部的亚热带常绿落叶阔叶混交林与山顶灌草丛植被，土壤为黄棕壤。

土壤：观察点土壤属山地黄棕壤与灌丛草甸土的过渡地带，枯枝落叶层厚约 10 cm，呈暗黑色。腐殖层厚约 13 cm，呈灰黑色，淋溶层厚约 20 cm，呈黄色及黄棕色。腐殖层中植物粗根与细根量含量较多，土壤盘结较紧，淋溶层内粗根多，细根少。腐殖层含较多粒径较小石砾，土层疏松，淋溶与淀积层中均含有少量砾石，石粒径相对较小。土壤属于黄棕壤与沼泽土。

植被：观察点附近植被属亚热带常绿林、落叶阔叶混交林向灌草丛林的过渡地带（见图3.40），主要树种有华山松、马毛松、白辛树、曲果玉兰、中华槭、南方红豆杉、水青冈等；灌木层有：猕猴桃、短柱柃、红花毛楤、阔叶十大功劳、水马桑、圆锥绣球、合轴荚蒾、野樱桃、杜鹃属多种、木姜子、齿缘吊钟花、中国粗榧；草本植物有：锦香草、珍珠菜、卷叶黄精、仙鹤草、夏枯草、茨草、冬青草、车前草等；苔藓植物种类繁多，布满林下地面、岩石及树干上。同时，雷公坪山腰上部的群落季相变化非常明显，春夏由淡绿转为翠绿，冠层浓密，秋季变为褐黄色，冬季落叶，成为一片绿灰色树林（见图 3.38、图 3.39）。

图 3.40　雷公坪山腰上部灌草丛

　　南方红豆杉（Taxus mairei sy hu），红豆杉科，红豆杉属。常绿乔木，树皮淡灰色，纵裂成长条薄片；芽鳞顶端钝或稍尖，脱落或部分宿存于小枝基部；叶2列，近镰刀形，长1.5～4.5 cm，背面中脉带上无乳头角质突起，种子倒卵圆形或柱状长卵形，长7～8 mm，通常上部较宽，生于红色肉质杯状假种皮中；国家一级重点保护野生植物（见图3.41）。

图3.41　南方红豆杉，雷公坪山腰上部

　　野樱桃（Cerasus pseudocerasus G. Don），蔷薇科，李属。灌木或小乔木，树皮灰黑色；小枝灰褐色，嫩枝紫色或绿色，无毛或多少被疏柔毛；叶片卵形，卵状椭圆形，或倒卵状椭圆形，长3～6 cm，宽2～4 cm，先端渐尖或骤尖，基部圆形，边有单锯齿或重锯齿，齿渐尖；上面绿色，疏被短柔毛或无毛，下面淡绿色，无毛或被疏柔毛，侧脉7～12对；花序伞形或近伞形（见图3.42）。

图3.42　野樱桃，雷公坪山腰上部

　　圆锥绣球（Hydrangea paniculata Sieb. et Zucc.），虎耳草科，绣球属。灌木或小乔木，枝暗红褐色或灰褐色，初时被疏柔毛，后变无毛，具凹条纹和圆形浅色皮孔；高1～5 m，胸径约20 cm；叶纸质，2～3片对生或轮生，卵形或椭圆形，先端渐尖或急尖；基部圆形或阔楔形，边缘有密集稍内弯的小锯齿，上面无毛或有稀疏糙伏毛，下面于叶脉和侧脉上被紧贴长柔毛；侧脉6～7对，上部微弯，小脉稠密网状，下面明显；叶柄长1～3 cm。圆锥状聚伞花序尖塔形，长达26 cm，序轴及分枝密被短柔毛；不育花较多，白色（见图3.43）。

图 3.43　圆锥绣球，雷公坪山腰上部

　　蕨类，蕨科（又凤尾蕨科）。蕨类是林地、灌丛、荒山草坡最常见的植物，大型多年生草本，土生；根状茎长而粗壮，横卧地下，表面被棕色茸毛；叶每年春季从根状茎上长出，幼时拳卷，成熟后展开，有长而粗壮的叶柄；叶片轮廓三角形至广披针形，为 2～4 回羽状复叶，长 60～150 cm，宽 30～60 cm，革质；孢子囊棕黄色，在小羽片或裂片背面边缘集生成线形孢子囊群，被囊群盖和叶缘背卷所形成的膜质假囊群盖双层遮盖（见图 3.44）。

图 3.44　蕨，雷公坪山腰上部

　　锦香草[Phyllagathis cavaleriei（Levl. et Van.）Guill.]，野牡丹科，锦香草属。是锦香草属植物的一种，属于草本，高 10～15 cm；茎直立或匍匐，逐节生很，近肉质，密被长粗毛，四棱形，通常不分枝；叶对生，花期 6～8 月，果期 7～9 月；叶片纸质，广卵形、广椭圆形或圆形，先端广急尖至近圆形，基部心形，长 6～16 cm，宽 4.5～14 cm；两面绿色或有时背面紫红色，表面被疏糙伏毛状长粗毛；基出脉 7～9，表面脉平整，背面脉隆起；伞形花序，顶生，总花梗长 4～17 cm，被长粗毛，稀几无毛。生境：陡坡山谷密林下，沟边，林中，林中阴湿地，密林阴湿地，密林中（见图 3.45）。

图 3.45　锦香草，雷公坪山腰上部

观测点 5： 雷公坪山顶盆地。

GPS 定位 2： N 26.466 1°；E 108.233 0°；H 1 845 m（雷公坪内洼地）。

① 观察雷公坪盆地地貌形态特征。

雷公坪内盆地，地形起伏缓和。盆地南部高，北部低，面积约 1 000 m²。四周山岭围绕，盆底与山岭高差在 100 m 左右。在雷公山自然保护区内，雷公山主脊地貌形态南北存在明显差异，大致以雀鸟近东西向断裂为界，雷公山主脊可分为南北两侧。北部雷公坪至南刀坡一带，山脊平缓，谷地宽浅，一、二级剥夷面保存较好，其山顶较易形成沼泽谷地和盆地。其南部野得坡至冷竹山一带，一、二级剥夷面保留较差，多被切割成较窄山脊。这是由于以自然保护区内雀鸟断层向雷公坪一侧的新构造抬升强度大，河流溯源侵蚀未到达，因而古地貌面保存较完整，区域分布较多平缓低洼盆地。雷公坪盆地分布地海拔约 1 800 m，小地形是低凹盆地，基岩是变余砂岩，透水性较差。雷公坪气候温凉，湿润多雾，地下水位较高。因此，在盆地内排水不良，土壤处于常年水分过度饱和状态，使其形成低洼沼泽盆地（见图 3.46、图 3.47、图 3.48）。

图 3.46　雷公坪盆地　　　　　　图 3.47　雷公坪盆地内草丛及箭竹（冬季相）

图 3.48　雷公坪盆地植被（夏季相）

② 对雷公坪盆地内植被、土壤的观察。

土壤：雷公坪盆地内土壤以山地沼泽土为主。由于在低洼盆地内长期滞水环境和沼泽植物生长条件下，植物潜育化强，土壤中还原过程强烈，有机物质分解非常弱，而形成泥炭质物质含量高。雷公坪山地沼泽土具有呈黑棕色，土壤 pH 为 5～6，呈酸性。土壤结构主要有生草层与泥炭层，具有有机质含量高等特征。同时，由于雷公坪盆地内小地形是低凹盆地，排水不良，加上有变余砂岩形成不透水层，土壤处于常年水分过度饱和状态。由于气温低，微生物活动受到抑制，植物残体的积累大于分解，堆积有 0.7～4 m 深厚的泥炭层，还与苔藓植被共同发育为泥炭藓沼泽土（见图 3.49）。

图 3.49　雷公坪泥炭藓沼泽土

植被：在雷公坪盆地周围的分布着湖北海棠林，主要在雷公坪积水盆地东侧边缘。湖北海棠高可达 8 m，平均胸径 30 cm，多分枝，林冠平整，还混有峨眉木荷等乔木。盆地周围灌木层高 2～6 m，主要有水马桑、皂柳、圆锥绣球、箭竹、鸡爪茶等。灌丛内草本层则主要是苔藓属植物，种类繁多，布满林下地面、岩石及树干。在盆地内则主要是泥炭藓沼泽，是隐域性植被类型，该类型还在小雷公坪和黑水塘等地都有分布。泥炭藓层呈若干垫状凸起，达50 cm 厚。盆地内草本还有芒草、蕨、地刷子石松等，在盆地边缘还有大金发藓、苔草、野灯心草等植物。同时，在近几十年，受人类活动影响，在雷公坪由于开沟排水，使地下水位降低，引起箭竹、密腺小连翘等灌木入侵，逐渐演变形成泥炭藓-箭竹沼泽。泥炭藓在贵州省分布稀少，对植物学研究与教学具有一定价值，在保护上也不容忽视。另外，在雷公坪内植被群落季相变化也非常突出，春夏季节，植物群落呈现翠绿，冠层浓密、群丛；秋冬季节则逐渐较变为褐黄色、灰白色（见图3.47、图3.48）。

　　湖北海棠[Malus hupehensis（Pamp.）Rehd.]，蔷薇科，苹果属。落叶小乔木，高可达8 m；树冠开张，干皮暗褐色，小枝紫色、坚硬；单叶互生，叶片卵形，长5~10 cm，宽2.5~4.0 cm，先端渐尖，基部宽楔形，缘具细锐锯齿，羽脉5~6对，叶柄长1~3 cm；果柄特长，为果径的5~6倍，化期4~5月，果熟8~9月（见图3.50）。

图3.50　湖北海棠，雷公坪盆地周边

　　箭竹（Fargesia spathacea franch），禾本科，属禾本科。秆挺直，壁光滑，故又称滑竹。多年生竹类，地下茎匍匐，秆小型，少数为中型，粗可达5 cm；壁厚，节隆起，每节具多枝；高可达3 m，箨甚长，外表粗糙，具刺毛，不易脱落；叶舌片黑褐色，密生毛茸，假叶长卵形，锐尖头，叶粗革质；小枝叶约1~3枚，叶柄扁平，叶片披针形革质，极少开花（见图3.51）。

图3.51　箭竹，雷公坪盆地

（三）路线3：小丹江—雷公山主峰

　　具体路线（见图3.52）：小丹江四道瀑景区路口—桥房村公路边—雷公山至方祥与小丹江的岔路口—雷公山主峰。该路线从雷公山东南部山麓海拔800余米向雷公山主峰（2 178 m）沿公路上行。主要对不同海拔的植被土壤，雷公山不同位置的地形、地貌、岩性进行识别。

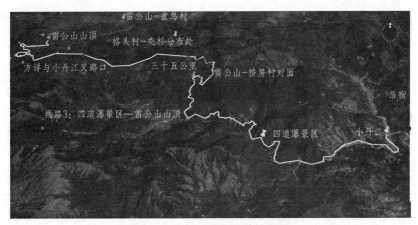

图 3.52 实习路线 3 的路径图

观测点 1：小丹江四道瀑景区路口（公路边至景区门口间的林地）。

GPS 定位：N 26.343 1°；E 108.290 9°；H 853 m。

① 对观察点公路边岩层剖面进行岩石类型的识别。在小丹江四道瀑景区位于榕江县小丹江村与雷山县毛坪交界的原始森林之中，从小丹江步行到四道瀑有 339 级古道。四道瀑由"苗女琴台、苗人脚印、龟藏水帘、天女散花"四级组成的瀑布景观。瀑布两壁山谷险峻，藤蔓交错，古树参天，原始森林保存完好。其岩层主要为变余砂岩、变余粉砂岩及板岩组。岩石为浅灰色至深灰色，岩石坚硬致密。由碎屑物和胶结物组成，其中碎屑物发石英为主，胶结物为隐晶硅质和绢云母。

② 在四道瀑景区附近进行植物观察识别。雷公山东南部低山地，海拔低，受东南季风影响更显著，水热更加充足，常绿阔叶林非常茂盛，因地形险峻，峡谷密布，存在大片的原始森林。其主要植被类型是中亚热带气候条件下出现的顶级植被，主要是壳斗科、香樟科、山茶科、木兰科植物组成。林冠郁闭，优势种具有天然更新能力，群落相当稳定。主要植被类型有甜储烤、光皮桦、丝栗拷、枫香、五裂械、中华械、杉木、马尾松、银木荷为主的常绿阔叶林。其灌木层高达 2 m，优势种不明显，常见的有油茶、白花檵木、地念、山莓、满山红、小果南烛、小果蔷薇、细枝柃、黄杞等。草本层高达 40 cm，铁芒萁占优势，次有芒草、中华里白、狗脊蕨、白茅草、夏枯草等。在野外对植物采用样方调查时，可参考表 3.2 对植物进行调查与分析。同时，因为区域以亚热带常绿阔叶林为主，所以其季相不明显，四季常绿（见图 3.53、图 3.54）。

图 3.53 小丹江四道瀑景区（冬季相）

图 3.54 小丹江四道瀑景区（夏季相）

表 3.2　野外样方植物观察记录表

群落名称_____　样地面积_____　野外编号_____　第_____页

层次名称_____　层高度_____　层盖度_____　调查时间_____　记录者_____

编号	植物名称	乔/灌/草	高度	花/果（照相）	叶的特征	冠	胸径	树皮
1								
2								
3								

甜槠又称园槠[Castanopsis eyrei（Champ.）Tutch.]，山毛榉目，壳斗科，锥属。常绿大乔木，遍生山地，高达 20 m；大树的树皮纵深裂，厚达 1 cm，块状剥落；叶革质，卵形，披针形或长椭圆形，顶部长渐尖，常向一侧弯斜，基部一侧较短或甚偏斜；雄花序穗状或圆锥花序，花序轴无毛，花被片内面被疏柔毛，雌花的花柱 3 或 2 枚；坚果阔圆锥形，顶部锥尖，宽 10 ~ 14 mm，无毛，果脐位于坚果的底部。花期 4 ~ 6 月，果次年 9 ~ 11 月成熟（见图 3.55、图 3.56）。

图 3.55　甜槠，小丹江四道瀑

图 3.56　甜槠果实，小丹江四道瀑

中华里白（Diplopterygium chinense），里白科，里白属。多年生常绿蕨类，株高 2 ~ 3 m；

根茎粗壮，横卧，分株繁殖；叶片长披针形，叶色浓绿，常两片叶对生，叶柄、叶轴均密被狭卵形鳞片；叶柄长达 1 m，由柄端的芽生出 1 对二回羽状深裂的张开大羽片，第二年，两羽片间的顶芽再生出 1 对羽片，翌年并可再次生出羽片；羽片长 80~120 cm 或更长，成长后下垂，二回羽片 40~50 对，互生，线状披针形；坚纸质，背面灰绿色或略带白粉（见图 3.57）。

图 3.57　中华里白，小丹江四道瀑

五裂槭（Acer oliverianum），槭树科，槭属。槭树科槭属的一种落叶小乔木，高 4~7 m；树皮平滑，淡绿色或灰褐色，常被蜡粉；小枝细瘦，无毛或微被短柔毛；翅果常生于下垂的主皇墨垫小坚果凸起，脉纹显著；翅嫩时淡紫色，成熟时黄褐色，镰刀形，张开近水平；花期 5 月，果期 9 月（见图 3.58）。

图 3.58　五裂槭，小丹江四道瀑

白花檵木[Loropetalum chinensis（R. Br.）Oliv.]，金缕梅科，檵木属。檵木通常为长绿灌木，稀为小乔木，高达 12 m，径 30 cm；小枝有锈色星状毛，多分枝；叶革质，卵形，长 2~5 cm，宽 1.5~2.5 cm，先端尖锐，基部钝，不等侧；上面略有粗毛或秃净，干后暗绿色，无光泽；下面被星毛，稍带灰白色，侧脉约 5 对（见图 3.59）。

图 3.59　白花檵木，小丹江四道瀑

地念（Melastoma dodecandrum），野牡丹科，野牡丹属。为披散或匍匐状半灌木，茎分枝；叶对生，卵形或椭圆形，长 1～4 cm，宽 0.8～3 cm；仅上面边缘和下面脉上生极疏的糙伏毛，主脉 3～5 条；聚伞花序，顶生，基部有叶状总苞；花两性，1～3 朵生于枝端，淡紫色花瓣 5，长 1～1.4 cm。果实稍肉质，不开裂，长 7～9 mm，生疏糙伏毛（见图 3.60）。

图 3.60　地念，小丹江四道瀑

狗脊蕨（Woodwardia japonica（L. f.）Sm.），乌毛蕨科，狗脊蕨属。水龙骨目乌毛蕨科狗脊蕨属的一种，植株高 80～120 cm；根状茎粗壮，横卧，暗褐色，粗 3～5 cm，与叶柄基部密被鳞片；鳞片披针形或线状披针形，长约 1.5 cm，先端长渐尖，有时为纤维状，膜质，全缘，深棕色，略有光泽（见图 3.61）。

图 3.61　狗脊蕨，小丹江四道瀑

③ 在对景区附近地形地貌观察，对脊状低地貌进行识别。

四道瀑景区附近，位于雷公山东南部，地势较低，海拔 800 m 左右。四道瀑景区位于雷公山复背斜右翼，其周围沟谷发育，河谷深切交织，河谷与山顶海拔相差 200 m 以上，山脊狭窄，山体坡度陡峭，山脊突出，形成显著的低山脊状山地貌（见图 3.62）。

图 3.62　四道瀑景区脊状低山地貌

观测点 2：桥房村公路边山坡林地。

GPS 定位：N 26.362 5°；E 108.269 1°；H 1 080 m；样地位置为公路边山坡林地。

① 对观察点附近土壤类型的观察识别。土壤剖面观察点位于松树、杉树为优势物种的树林下，属于山地黄壤（见图 3.63）。土层较深厚：枯枝落叶层较厚，厚度约 5 cm，以树枝、落叶及草为主；腐殖层厚约 11 cm，呈浅灰黑色；淋溶层厚约 35～50 cm，呈黄色及黄棕色。腐殖层中根系非常密集，包含大量粗根与细根。淋溶层内粗根较多，细根稍少。腐殖层中含有较颗径较大砾石，淋溶层所含砾石量直径较小。土壤为轻壤至中壤，土壤有机质含量高、富有肥力，呈酸性。

图 3.63　杉树林山地黄壤剖面，桥房村

② 对观察点附近进行植物调查、观察、识别。

桥房村附近，海拔也较低，分布的常绿阔叶林主要有杉木、马尾松、银荷木、青冈栎、丝粟栲、甜储栲、枫香等，灌木层主要有方竹、杜娟、小果南烛、滇白珠、小果蔷薇、水红木、华南毛柃、黄杞、板栗、大果蜡瓣花、中国旌节花、山矾、箬叶竹。草本层覆盖度不高。主要有锦香草、铁芒萁、翠云草、芒草、小果丫蕊花、吉祥草、欧夏枯草等。

枫香树（Liquidambar formosana Hance），金缕梅科，枫香树属。落叶乔木，高达 30 m，胸径最大可达 1 m；树皮灰褐色，方块状剥落；小枝干后灰色，被柔毛，略有皮孔；叶薄革质，阔卵形，掌状 3 裂，中央裂片较长，先端尾状渐尖；两侧裂片平展；基部心形；上面绿色，干后灰绿色，不发亮；掌状脉 3～5 条，在上下两面均显著，网脉明显可见；边缘有锯齿，齿尖有腺状突；雄性短穗状花序常多个排成总状，雄蕊多数，花丝不等长，花药比花丝略短。雌性头状花序有花 24～43 朵，花序柄长 3～6 cm，偶有皮孔，无腺体；蒴果下半部藏于花序轴内，有宿存花柱及针刺状萼齿。种子多数褐色，多角形或有窄翅（见图 3.64）。

图 3.64　枫香树，桥房村

罗伞[Brassaiopsis glomerulata（Bl.）Regel]，五加科，罗伞属。灌木或乔木，高 3～20 m，树皮灰棕色，上部的枝有刺，新枝有红锈色绒毛。叶有小叶 5～9；叶柄长至 70 cm，无毛或上端残留有红锈色绒毛；小叶片纸质或薄革质，椭圆形至阔披针形，或卵状长圆形，长 15～35 cm，宽 6～15 cm，先端渐尖，基部通常楔形，稀阔楔形至圆形果实阔扁球形或球形；宿存花柱长 1～2 mm，果梗长 1.2～1.5 cm。花期 6～8 月，果期次年 1～2 月（见图 3.65）。

图 3.65　罗伞，桥房村

铁芒萁（Dicranopteris dichotoma），里白科，芒萁属，别名芒萁骨、芒萁、小里白。蕨类植物，芒萁草属于蕨类杂草，适合生长在 pH4.5～5.0 的酸性土壤上。植株可高达 3～5 m，蔓延生长。根状茎横走，粗约 3 mm，深棕色，被锈毛；柄长约 60 cm，粗约 mm，深棕色，幼时基部被棕色毛，后变光滑；叶轴 5 ~ 8 回两叉分枝，一回叶轴长 13 ~ 16 cm，粗约 3.4 mm，二回以上的羽轴较短，末回叶轴长 3.5 ~ 6 cm，粗约 1 mm（见图 3.66）。

图 3.66　铁芒萁，桥房村

　　青冈栎[Cyclobalanopsis glauca（Thunb.）Oerst]，壳斗科，青冈属。正名为青冈，别名，紫心木、青栲、花梢树、细叶桐、铁栎、铁稠；常绿乔木，为常绿阔叶林重要组成树种；性耐瘠薄，喜钙；树皮平滑不裂，小枝青褐色，无棱，幼时有毛，后脱落；叶长椭圆形或倒卵状长椭圆形；五月开黄绿色花，花单性，雌雄同株，雄花柔荑花序，细长下垂；坚果卵形或椭圆形，生于杯状壳斗中，十月成熟；因它的叶子会随天气的变化而变色，所以称为"气象树"（见图 3.67）。

图 3.67　青冈栎，桥房村

　　观测点 3：雷公山至方祥与小丹江的岔路口。
　　GPS 定位：N 26.362 5°；E 108.269 1°；H 1 728 m；样地位置，公路边山坡林地。
　　① 对观察点植物土壤类型的观察。
　　观察区周围植被以山地灌木、常绿落叶阔叶混交林植被为主，乔木树种弯曲与低矮，并与灌木混交。落叶树种增多，水青冈、亮叶水青冈、长梗木莲、扇叶槭、野樱桃等占优势，林下高度及胸径均下降，一般 12 ~ 20 m，胸径 20 ~ 50 cm，覆盖度 70% ~ 90%。主要常绿树种有：长梗木莲、青冈栎、岭南石栎、木荷等。主要落叶树种有水青冈、白栎、白辛树、五裂槭、中华槭、扇叶槭、野樱桃等；灌木层主要有：红花毛楸、阔叶十大功劳、花楸、水马桑、圆锥绣球、合轴荚蒾、杜鹃属多种、箭竹等；草本植物有：五节芒、茎草、珍珠菜、卷叶黄精、一年蓬等。

土壤：观察点土壤属山地黄棕壤。位于雷公山山顶东侧至方祥与小丹江的分叉路口处，土壤剖面观察点位于公路边坡地灌草丛，坡度约 30°，位于公路边山体的山腰下部。其土壤具有有机物层、腐殖质、淋溶层。其枯枝落叶层厚约 5 cm，呈浅灰色。腐殖层较薄，约 4 cm。淋溶层厚约 35 cm，呈黄棕色。腐殖层中细根量多含量较多，土壤盘结较紧。腐殖层与淋溶层均含有砾石较多，土壤呈弱酸性（见图 3.68）。

图 3.68　山地黄棕壤剖面，方祥与小丹江分路口

② 对观察位置周边的岩层进行观察、识别。

观察点位于公路边，岩层附近属于绢云母板岩，属于番召组第二段。岩层构造与受风化作用，节理与裂隙密布，岩石破碎度高，在公路边发生崩落堆积现象。绢云母板岩是在区域变质作用下，在温度和均向压力都不高的情况下，主要受应力作用的影响形成的，含有石英、绿泥石以及长石、黑云母等。岩石呈灰至深灰微绿色，薄-厚板层状构造。岩石颗粒细，由泥质和粉砂质相间构成的复理石韵律微细层理。在长期风化作用下，岩石破碎，易于崩落（见图 3.69）。

图 3.69　绢云母板岩

③ 在对景区附近地形地貌观察，对波状中山地貌进行识别。

观察点附近位于雷公山山顶东侧，处于波状中山与台状高中山的过渡位置。观察点还处于波状中山的山顶部位，保留有一定面积的二级剥夷面。该区域波状中山地貌集中连片，山脊缓倾，呈波浪状，山体坡度一般在 20° 以上，土壤厚度则相对 1 700 m 以下的波状中山更薄，也是河流溯源侵蚀的上限处，地表有浅沟谷发育，地表明显河流水系较少（见图 3.70）。

图 3.70　波状中山地貌及灌木植被

观测点 4：雷公山主峰山顶。

GPS 定位： N 26.386 1°；E 108.202 6°；H 2 170 m。

① 对公路边岩层剖面进行判别识别其岩性，分析其基本特征。

雷公山山顶岩层属于番召组第二段的绢云母板岩。岩层为深灰色板岩，表面有光泽。雷公山山顶处绢云母板岩岩层构造裂隙极为发育，层面裂隙密集，物理风化强烈，化学风化次之。在风化作用下，坚硬岩石却易于沿层面剥落。雷公山山顶绢云母板岩中含有石英、隐晶硅质、绿泥石等（见图 3.71）。

图 3.71　雷公山山顶绢云母板岩

② 在对景区附近地形地貌观察，对台状高中山、波状中山地貌进行识别。

雷公山山顶，是雷公山自然保护区最高峰，处于雷公坪至雷公山、冷竹山一线，呈北北东向复式背斜构造中脊部的最高处。雷公山所处位置是地形宽缓，山势雄伟，山脊浑圆连绵展布的台状高中山地貌（见图 3.72）。同时远眺可观察其褶皱向东西两翼逐渐下降，山脊缓倾，连绵呈波浪状的波状中山地貌（见图 3.73）。

图 3.72　雷公山山顶台状高山地貌

图 3.73　雷公山山顶波状中山地貌

③ 对观察点植物、土壤类型的观察。

土壤：雷公山山顶以山地灌丛草甸土为主。
土壤剖面有机物层厚度不大，约 3 ~ 5 cm；土
壤腐殖层稍厚，约 15 cm，呈灰棕色。淋溶层
厚度则较小，呈暗灰黄色，土壤属壤性土。因
物理风化作用强烈，土体中残留砂砾，石块多，
呈粗骨性草甸土。雷公山顶由于地处山顶部位、
风大、气温低、雾天时长，湿度大，多宜灌木、
箭竹、草本生长。因此山顶岩石风化以物理风
化为主，化学风化弱。故山顶土层较薄，且心
土层发育差，多属于 A-（B）-C 型土体构造。
虽然土层较薄，但土体发生层薄，硅、铁、铝
在剖面中移动不明显，有机质含量达 13% ~

图 3.74　山地灌丛草甸土（雨后），雷公山山顶

24%，自然肥力高。土壤盐基饱和度达 19%，土壤偏酸性（见图 3.74）。

植被：该观察点处于海拔 2 000 m 以上，地势高峻，群峰兀立，年均温只有 8 ~ 9℃，极
端最低气温-14 ~ 14.9℃，年雨量多达 1 500 mm，年日照只有 1 000 h 左右，年雾日多达 294 d，
全年大风日数 190 d。气候特点是多雾少日照，风大，冬季寒冷而漫长，春秋相连而无夏。因
此，雷公山山顶处于气温低、湿度大，多浓雾大风环境中。其植被主要的灌丛草甸植被，灌

木层高约 2 m，以大白杜鹃、箭竹灌丛为优势，次有木姜子、毛背花楸、茶条果、野樱桃、凹叶冬青、南烛、细齿枸、蠔猪刺、阔叶十大功劳等。亚灌木层为箭竹占优势，箭竹平均高 1 米左右。草本层稀疏，有七叶一枝花、扬子小连翘、堇菜、毛脉柳叶菜、蓼属。灌木丛中还分布众多苔藓植物，在箭竹和其他灌木上覆盖可达 5 cm 厚。

　　箭竹（Fargesia spathacea Franch），禾本科，箭竹属。多年生竹类，地下茎匍匐，秆小型，少数为中型，粗可达 5 cm；高约 3 m，直径 1～1.5 m，箨甚长，外表粗糙，具刺毛，不易脱落，上端节上着生细枝，亦具有箨或无箨，极少开花（见图 3.75）。

图 3.75　箭竹，雷公山山顶

　　圆锥绣球（Hydrangea paniculata Sieb. et Zucc.），虎耳草科，绣球属。灌木或小乔木，枝暗红褐色或灰褐色，初时被疏柔毛，后变无毛，具凹条纹和圆形浅色皮孔；圆锥状聚伞花序尖塔形，长达 26 cm，序轴及分枝密被短柔毛；不育花较多，白色；叶纸质，2～3 片对生或轮生，卵形或椭圆形，长 5～14 cm，宽 2～6.5 cm，先端渐尖或急尖，具短尖头；基部圆形或阔楔形，边缘有密集稍内弯的小锯齿，上面无毛或有稀疏糙伏毛，下面于叶脉和侧脉上被紧贴长柔毛；侧脉 6～7 对，上部微弯，小脉稠密网状；叶柄长 1～3 cm（见图 3.76）。

图 3.76　圆锥绣球，雷公山山顶

　　大白杜鹃（Rhododendron decorum Franch.），杜鹃花科，杜鹃属。又名大白花杜鹃，生于海拔 1 000～3 300（4 000）m 的灌丛中或森林下。叶厚革质，长圆形、长圆卵圆形至长圆倒卵形，先端钝或圆，基部楔形或钝形，边缘反卷，表面暗绿色，背面色淡；顶生总状伞房花序，有花 8～10 朵，有香味；蒴果长圆形，微弯曲；花期 4～5 月，果期 9～10 月（见图 3.77）。

图 3.77　大白杜鹃，雷公山山顶

四川花楸[Sorbus setschwanensis（C. K. Schneid.）Koehne]，蔷薇科，花楸属。灌木，高 2～5 m；小枝细弱，圆柱形，黑灰色，奇数羽状复叶，小叶片 12～17 对，窄长圆形；复伞房花序着生在侧生短枝顶端，具花 10～25 朵，萼筒钟状，萼片三角形，瓣长卵形，白色；果实球形，白色或稍带紫色，先端具直立闭合宿存萼片；花期 6 月，果期 9 月（见图 3.78）。

图 3.78　四川花楸，雷公山山顶

苔藓（Bryophyta），属于最低等的高等植物。植物无花，无种子，以孢子繁殖。在全世界约有 23 000 种苔藓植物，中国约有 2 800 多种。苔藓植物门包括苔纲、藓纲和角苔纲。苔纲包含至少 330 属，约 8 000 种苔类植物；藓纲包含近 700 属，约 15 000 种藓类植物（见图 3.79）。

图 3.79　苔藓，雷公山山顶

　　朝天罐（Osbeckia opipara C. Y. Wu et C. Chen）野牡丹科，金锦香属。灌木，高 0.3～1 m；茎四棱形或稀六棱形，被平贴的糙伏毛或上升的糙伏毛；叶对生或有时 3 枚轮生，叶片坚纸质，卵形至卵状披针形，顶端渐尖；基部钝或圆形，长 5.5～11.5 cm，宽 2.3～3 cm；全缘，具缘毛，两面除被糙伏毛外，尚密被微柔毛及透明腺点，5 基出脉；叶柄长 0.5～1 cm，密被平贴糙伏毛（见图 3.80）。

　　茜草（Rubia cordifolia L.）茜草科，茜草属。茜草科多年生攀缘草本植物，紫红色或橙红色，圆柱形，肉质，茎粗糙，嫩枝四棱，有倒生的小刺；叶轮生，单叶；叶片卵形或卵状披针形，叶面粗糙，叶柄长短不等，花淡黄色，聚伞花序；果实成熟，黑色或紫黑色（见图 3.81）。

图 3.80　朝天罐，雷公山山顶　　　　　　　图 3.81　茜草，雷公山山顶

　　黄杨树[Buxus sinica（Rehd. et Wils.）Cheng]又名乌龙木、万年青，常绿植物，地生。枝干近圆柱形，小枝四棱形；叶对生，全缘，羽状脉；花单性，头状花序腋生；蒴果近球形，通常无毛。花期 3～4 月，果期 5～7 月。叶倒卵形或倒卵状长椭圆形至宽椭圆形，长 1～3 cm，宽 7～15 mm，背面主脉的基部和叶柄有微细毛；花单性，头状花序腋生；蒴果近球形，通常无毛（见图 3.82）。

图 3.82　黄扬树，雷公山山顶

三、雷公山自然保护区三条实习路线分布图

1. 雷公山自然地理综合实习路线图（卫星影像底图，见图 3.83）

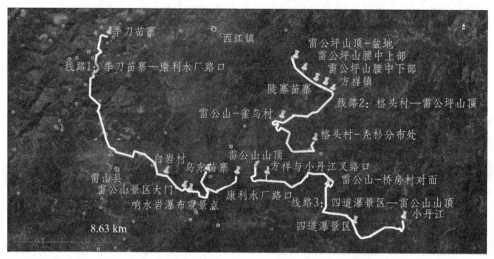

图 3.83　实习路线卫星影像底图

2. 雷公山自然地理综合实习路线图（地形图底图，见图 3.84）

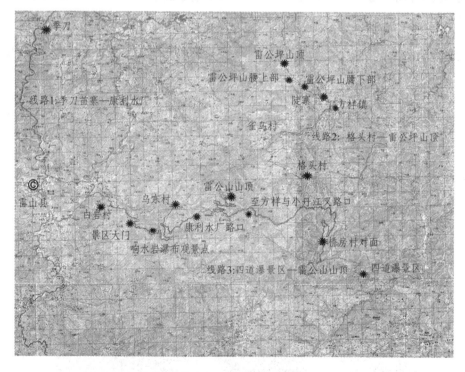

图 3.84　实习路线地形图底图

第四章　植物地理与生态学野外调查及采样技术方法

第一节　植物地理与生态学野外实习与调查准备

一、图件资料的准备

雷公山自然保护区域的地形图、交通图、行政图，以及植被类型分布图等是野外植物地理与生态实习重要、必备基础底图图件。地形图比例尺一般多采用 1：50 000 比例尺的地形图作底图，交通图、行政图是野外对调查区域详细调查的基础图件。

二、资料与图件搜集和分析

搜集雷公山自然保护区野外调查实习地点的相关植被类型、生态系统的调查研究的报告、论文或专著，是有效开展实习的必须前期基础准备工作，也是完成实践调查工作的重点。目前我国已经完成全国范围第八次森林清查，雷公山自然保护区大比例尺植被分布图及比较丰富翔实的植被普查资料均可查阅利用。同时还要对现有资料进行深入室内研究，要着重研究各雷公山自然保护区植被类型及其分布的研究资料，以及准备植物种类识别、鉴定的书集：《中国植物志》《种子植物科属词典》《中国种子植物科属检索表》《中国高等植物图鉴》等资料。

三、植物地理与生态学野外实习常用仪器、用具的准备

地质罗盘、GPS、大比例尺地形图、望远镜、照相机、测绳、皮尺、钢卷尺、植物标本夹、枝剪、高枝剪、白纸条、大针、台纸、铅笔、手铲、小刀、植物采集记录本、标签、供样方记录用表格、方格绘图纸等材料及用品。

第二节　植物地理与生态学野外植物调查过程

一、调查样地选择与标本制作

（一）取样方法

群落调查是植物地理与生态学研究的一项重要的基础工作。由于人力、物力和时间的限制，在进行群落调查时，一般只能抽取其中一部分作为样本来获取数据并进行分析，进而推断群落总体的特征，这个过程称为取样。

依据样地设置方式的不同，可将取样方法分为两大类型：

（1）主观取样法：即根据调查者的主观判断，认为选择能代表群落特征的"典型"样地进行调查。其优点是简便迅速，且省时省力，对于有经验调查者可获得很有价值结果，具有较好效果，尤其在大范围路线调查中常被采用。但该方法具有不能对调查得到的估计量进行显著性测验，无法确定其置信区间和预测可靠程度。

（2）客观取样法（随机取样法）：包括简单随机取样、系统取样和分层取样。在利用本方法时，每个样地被抽取的概率是已知的，因此可以计算估计量的置信区间，明确知道样本代表性的可靠程度。因此，客观取样是生态学研究中普遍采用的方法。

在进行植被野外调查时，根据研究目的、研究对象的特点选择不同取样方法。当对研究对象的性质不了解时，最好能比较几种取样方法的效果，然后确定最佳方法。

（二）样地设置与群落最小面积调查

样地不是群落的全部面积，它仅是代表群落的基本特征的一定地段。对植物群落调查应在确定的样地内进行，通过详细调查，以此来估计推断整个群落的情况。选择样地应遵循下列原则：种的分布要有均匀性；结构完整、层次分明；环境条件（尤指土壤和地形）一致；处于群落的中心部位，避开过渡地段。

1. 样地形状

样地形状大多采用方形，又称样方。可根据不同研究内容具体选择。小型样方用于调查草本群落或林下草本植物层，大型样方用于调查森林群落或荒漠中的群落。在野外设置过程中要使测绳为直线，通过测量线上面的读数来确定样方每边的长度。

2. 样地面积

样地面积大小，有部分经验值可供调查时参考使用，草本群落 $1 \sim 10 \ m^2$，灌丛 $16 \sim 100 \ m^2$，单纯针叶林 $100 \ m^2$，复层针叶林、夏绿阔叶林 $400 \sim 500 \ m^2$，亚热带常绿阔叶林 $1 \ 000 \ m^2$，热带雨林 $2 \ 500 \ m^2$。通常在短期的野外实习过程中通常采用以下面积，草本群落：$1 \ m^2$，灌木群落：$25 \ m^2$，乔木群落 $100 \ m^2$。

3. 样地数目

样地数目多少取决于群落结构复杂程度。根据统计检验理论，多于 30 个样地的数值才比较可靠。为了节省人力与时间，考察时每类群落根据实际情况可选择 3～5 个样地。

（三）样地调查内容与方法

1. 环境调查

环境调查主要包括：① 地理位置的调查；② 地形条件的调查；③ 人类影响程度的调查；④ 土壤条件的调查；⑤ 气候条件的调查。在植物地理与生态学野外调查过程中，必须对所要调查的植物或植物群落的周围环境条件进行调查和详细记录，目的是考察研究环境与植物或植物群落的关系。一般来说，应该对样地的径度、纬度、海拔、坡向、坡度、坡位、土壤厚度、枯枝落叶层厚度、腐殖质厚度、环境状况、人为干扰、群落类型等做较为详细地调查和记录。

1）经度、纬度和海拔的测定

通常使用全球定位系统（GPS，Global Positioning System）测定经度、纬度和海拔高度。具体使用方法如下：

（1）按键名称及功能

电源键——（Power Button）用于开机、关机和控制屏幕背景光的开关。

翻页键——用于顺序循环显示各主页面，并从菜单各功能页中退回主页。

输入键——（Enter Button）激活高亮度光标所指框项，确认菜单选项及输入数据。

上、下键（△或▽）——用于上下左右移动光标，选择输入字母及数字。其主要功能有：在各画页或菜单中用于选择功能选项；在卫星状态页调整显示屏对比度；在地图页中缩放比例尺；在罗盘导航页中查看各种数据。

（2）读取海拔、纬度与经度

站定一位置，长按 GPS 开关键，打开 GPS，出现搜索卫星画面。当出现搜索到卫星 4 颗以上，GPS 会自动出现海拔、纬度与经度的读数。搜索到卫星数越多，测定读数也越精确。最初几分钟，海拔、纬度与经度读数处于不断变化中，当数字不再变化时，该数字即为该位置的海拔、纬度与经度值。

（3）定位操作

存储航点：手握 GPS，走到某位置时，需记录当前位置，具体操作步骤如下：按电源键开机；按翻页键找到功能菜单页；按上下光标，键使光标框住"存点"项；按输入键确认，机器内部从 001 开始顺次自动设定默认点；若采用默认航点名，则直接将光标移至"确定"处，按输入键记录下该航点，也可以自己定义航点名称（只能是英文或数字）。

（4）求面积操作

在户外 GPS 开机定位后，连续按翻页键找到"菜单"画页。设置按左侧上、下光标键，选中"航迹"，按输入键，出现求面积画面。将光标移至"面积"处，按输入键，这时会出现一个关于面积数据及单位的文本框。上方为"面积"二字，中间是具体数字和单位，下方为"确定"二字。面积单位设定：按上、下键选中 SQ（面积单位）处，按输入键，出现面积单位选择栏，其中列有各种面积单位。用户根据实际需要选择适合的单位，然后按输入键确定即可。其中：SQ FT：平方英尺；SQ YD：平方码；ACERS：英亩；SQ MI：平方英里；SQ NM：平方海里；SQ MT：平方米；SQ KM：平方千米。每次求面积之前，删除以前的航迹，使面积数值归零。

面积实测步骤：结束清零及单位选择后，开始行走。走完一个闭合轨迹后，选中"确定"，按输入键两次，即可看到测出的面积结果。通常 GPS 为卫星定位系统，其测量精度易受到天气等各种外界因素影响。偶尔出现误差属于正常现象。一般来说，大面积测量精度高，小面积测量有一定误差。为了提高测量精度，小面积测量在可能的情况下，建议多次测量取平均值。行走过程中，应保持较慢的均匀速度，接收机收星状况良好。采用累加方式测面积对提高精度有一定的帮助。具体如下：在行走过程中，每遇到拐弯处，可按一下确定键，再继续行走，直到回到出发点。例如走一正方形，在沿途的三个直角处可按"确定"键，最后回到起点，再按一次，即可得结果。

2）坡向的测定

一般地质罗盘仪可对所在地的坡向进行测定。具体方法：站在坡面上，面对整个坡下，手持罗盘仪，使之保持水平状态，并使罗盘仪与自己的身体呈垂直状态，然后从罗盘仪上读数。注意：缠有紫色铜丝的指针（S 极）无论什么时候都指的是南，而另一指针（N 极）指的是北。罗盘仪中有 0～360° 的刻度，认真思考指针和刻度之间的关系，就不难看出自己脚下坡面的坡向。例如，S 极所指数字为 235°，N 极所指数字为 55°，那么坡向应该是北坡偏东 55°，记作 N55°E。又例如，S 极所指数字为 130°，N 极所指数字为 310°，那么坡向应该是西坡偏北 40°，记作 W40°N。

3）坡度的测定

同样，用地质罗盘仪可对所在地的坡度进行测定。站在坡面上，面对整个坡下，将罗盘仪竖起，使罗盘仪中底部的半圈数字向下。让罗盘仪有镜的一方向外，并使罗盘仪的上部平面与坡面呈平行状态，右手扳动罗盘仪背部的杠杆，使得罗盘仪中长型水平管中气泡居中。此时，长型水平管下方的指针所指示的数字便是该坡面的坡度。

4）坡位的测定

根据样地设置在坡面的位置确定坡位，坡位分为上部、中上部、中部、中下部和下部等几种类型。

（四）无样地取样法

无样地取样法不设立样方，而是建立中心轴线，标定距离，进行定点随机抽样。无样地法有很多具体的方法，比较常用的是中点象限法。具体方法如下：① 在一片森林地上设若干定距垂直线（借助地质罗盘用测绳拉好），在此垂直线上定距（比如 15 m 或 30 m）设点，各点再设短平行线形成四分之象限。② 在各象限范围测一株距中心点最近的，胸径大于 11.5 cm 的乔木，要记下此树的植物学名，量其胸径或圆周，用皮尺测量此树到中心点的距离。同时在此象限内再测一株距中心点最近的幼树（胸径 2.5～11.5 cm），同样量胸径或圆周，量此幼树到中心的距离。有时不测幼树，每个中心点都要作 4 个象限，在中心点（或其附近）选一个 1 m² 或 4 m² 的小样方，记录小样方内灌木、草木及幼苗的种名、数量及高度。

二、植物标本采取与制作

植物标本是进行植物地理与生态学野外调查与教学工作的重要材料，掌握植物标本的采集、制作和保存的一整套工作方法，对研究植物类型及生态系统是非常必要的。

（一）材料用品

包括标本夹、吸水纸、采集袋、枝剪、高枝剪、标本、台纸、铅笔、小刀、镊子、白纸条、大针、机线、乳白胶、采集记录表、采集号签、标本鉴定签、剪刀、毛笔、胶水等材料用品，以及中国种子植物科属检索表、中国高等植物图鉴、中国植物志等工具书。

（二）内容和方法

1. 植物野外观察、采集、记录

1）野外观察

在野外观察植物时，要了解它们所处的环境、形态特征，以及它们与环境之间的相互关系。在野外观察一种植物时，可从以下几方面入手：

（1）了解植物所处的自然环境：植物生境要素包括地形、坡度、坡向、光照、水湿状况、同生植物，以及环境中动物活动情况等。

（2）了解植物习性：野外观察时要看该植物是草本还是木本。如果是草本，是一年生，二年生还是多年生，是直立草本还是草质藤本。如果是木本，是乔木，还是灌木或半灌木，是常绿植物还是落叶植物。同时要注意它们是肉质植物还是非肉质植物，是陆生植物、水生植物，还是湿生植物；是自养植物，还是寄生或附生植物、腐生植物。同时还要注意观察它是直立、斜依、平卧、匍匐、攀援，还是缠绕。

（3）典型植物包括根、茎、叶、花、果实和种子六部分。在观察植物各部分时要养成开始于根，结束于花果的良好习惯。应先用肉眼观察，然后再用放大镜帮助。要注意植物各部分所处的位置，它们的形态、大小、质地、颜色、气味，其上有无附属物以及附属物的特征，折断后有无浆汁流出等，要尽量做到观察全面细致。特别是对花果观察，它们是高等植物分类的基础，对于花的观察要从花柄，通过花萼、花瓣和雄蕊，直到柱头的顶部，一步一步地，从外向内地进行观察。

对根、茎、叶、花、果实几方面观察时，分别要注意以下主要方面：

① 根：根的观察时要注意，是直根系还是须根系，是块根还是圆锥根，是气生根还是寄生根。

② 茎：要注意观察其是圆茎、方茎、三棱形茎，还是多棱形茎，是实心还是空心，茎之节和节间明显否，匍匐茎还是平卧茎、直立茎、攀援茎或缠绕茎。是否具根状茎，或具块茎、鳞茎、球茎、肉质茎。

③ 叶：要注意观察其是单叶还是复叶。复叶是奇数羽状复叶，偶数羽状复叶，二回偶数羽状复叶，还是掌状复叶，是单身复叶还是掌状三小叶，羽状三小叶等。叶是对生、互生、轮生、簇生，还是基生。叶脉是平行脉、网状脉、羽状脉、弧形脉还是三出脉。叶的形状（如圆形、心形等），叶基的形状，叶尖的形状，叶缘、托叶形状以及有无附属物等都要作全面观察。

④ 花：首先观察花是单生还是组成花序，以及其花序是什么花序。然后观察花：是两性花、单性花，还是杂性花；如果是单性花则要看雌雄同株还是异株。花被观察时，看花萼与花瓣有无区别，是单被花还是双被花，是合瓣花还是离瓣花；雄蕊是由多少枚组成，排列怎样，合生否，与花瓣的排列是互生还是对生，有无附属物或退化雄蕊存在，是单体雄蕊、四强雄蕊、二强雄蕊、二体雄蕊，还是聚药雄蕊等。对于雌蕊应观察心皮数目，合生还是离

生，什么胎座、胚珠数、子房的形状，子房是上位还是下位、半下位，花柱、柱头等都要细致观察。

⑤果实：主要是分清果实所属的类型，其次是大小及果实形状的观察。

（4）观察木本类型时，首先要注意树形（主要是决定树冠的形状）。由于树种不同，树形一般可分为圆锥形、圆柱形、卵圆形、阔卵形、圆球形、倒卵形、扁球形、伞形、茶杯形、不整齐形等。观察树形，有助识别树种。其次观察树皮的颜色、厚度、平滑和开裂，开裂的深浅和形状等都是识别木本植物的特征。树皮上的皮孔的形状、大小、颜色、数量及分布情况等，因树种不同亦有差异，可帮助识别树种。同时，还要注意观察木本植物枝条的髓部。了解髓部的有无、形状、颜色及质地等。最后是对茎或枝上的叶痕形状，维管束痕（叶迹）的形状及数目，芽着生的位置或性质等方面的观察，这些也是识别树种的依据。

（5）在观察草本植物时，要注意植物的地下部分，有些草本植物具地下茎，一般地下茎在外表上与地上茎不同，常与根混淆。在观察草本植物的地下部分时，要注意地下茎和根的特殊变化。

总的来说，在野外观察一种植物时，应从植物所处的环境到植物的个体，由个体的外部形态到内部结构，既要注意植物种的一般性、代表性，也要能处理个别和特殊的特征。

2）植物标本的采集

植物标本（或腊叶标本），是由一株植物或植物的一部分经过压制干燥后而制成的。植物制成标本目的是为了便于保管，便于今后学习、研究及对照。因此，要求在野外采集时，选材、压制及对植物的记录等，应尽量要求和完备。

（1）采集植物标本时的注意事项。

①采集植物标本时，首先要考虑需要哪一部分、哪一枝和要采多大最为理想。标本的尺度是以台纸尺度为准，若植物体过小，而个体数又极稀少，但因种类奇特、少见，就是标本小也应采。每种植物应采多少份，要看植物种类的性质视野外情况和需要数量。一般至少采两份，一份可作学习观察之用，一份送交植物标本室保存，以便将来学习研究。同时，采集时可多采些花，以作室内解剖观察使用。

②植物的花、果是目前植物在分类学上鉴定的重要依据，因此，采集时须选多花多果的枝来采。倘若一枝上仅有一花或数花，可多采同株植物上一些短的花果枝，经干制后置于纸袋内，附在标本上。如果是雌雄异株的植物，只有力求两者皆能采到，才能有利于鉴定。

③一份完整的标本，除有花果外，还需有营养体部分，故要选择生长发育好的，最好是无病虫害的，而且要有代表性的植物体部分作为标本。同时，标本上要具有二年生枝条，因为当年生枝尚未定型，变化较大，不易鉴别。

④采集草本植物时，要采全株，而且要有地下部分的根茎和根。有鳞茎、块茎的必须采到，这样才能显示出该植物是多年生还是一年生，才有助于鉴定。

⑤每采好一种植物标本后，应立即挂上填写详细的号牌。号牌要用硬纸做成，长 3～5 cm，宽 15～30 mm。号牌必须用铅笔填写，其编号必须与采集记录表上的编号相同。

（2）采集部分特殊植物的方法。

①棕榈类植物。

棕榈类植物有大型的掌状叶和羽状复叶，可只采一部分（这一部分要恰好能容纳在台纸上）。但必须把全株的高度、茎的粗度、叶的长度和宽度、裂片或小叶的数目、叶柄的长度等记在采集记录表上。叶柄上如有刺，也要取一小部分。棕榈类的花序也很大，不同种的花序着生的部位也不同，有生在顶端的，有生在叶腋的，有生在由叶基造成的叶鞘下面的。如果不能全部压制时，也必须详细地记下花序的长度，阔度和着生部位。

② 水生有花植物。

水生有花植物，有的种类有地下茎，有的种类叶柄和花柄随着水的深度增加而增长。因此，要采一段地下茎来观察叶柄和花柄着生的情况。另外，有的水生植物，茎叶非常纤细、脆弱，一露出水面枝叶就会黏连重叠，失去原来的形状。因此，最好成束地捞起来，用湿纸包好或装在布袋里带回来，放在盛有水的器具里。等它恢复原状后，用一张报纸，放在浮水的标本下面，把标本轻轻地托出水平。然后连纸一起用干纸夹好压起来，压上以后要勤换纸，直到把标本的水分吸干为止。

③ 寄生植物。

高等植物中，有很多是寄生植物，如像列当、槲寄生、桑寄生等，都寄生在其他植物体上，采集这类植物的时候，必须连寄生上它所寄生的部分同时采下，并且要把寄的种类、形状、同寄生植物的关系记录下来。

3）野外记录

在野外采集时，要求必须记录。记录方式通常有两种：一为日记，一为填写已印好的表格。日记适用于观察记载，表格适用于采集记录。野外每采集一种植物标本时需填写一份采集记录表。

在填写采集记录表时，应注意下列几点：

（1）填写时要认真负责，填写的内容要求正确、精简扼要。

（2）记录表上的采集号必须与标本上挂的号牌的号码相同。

（3）填写植物的根、茎、叶、花、果时，应尽量填写一些在经过压制干燥后，易于失去的特征（如颜色、气味、肉质否等）。

（4）将填写好的表格，按采集号的次序集中成册，不得遗失、污损。

2. 压制植物标本

在野外将植物标本采集好后，如果方便，可就地进行压制，亦可带回室内压制。若将标本带回压制时，需注意不要使标本萎蔫卷缩（尤其是草本植物），否则会增加压制时的麻烦，亦会影响标本质量。具体压制植物标本有以几方面及注意事项：

第一，对采到一般植物的标本，采用干压法。具体方法：先把标本夹的两块头板打开，用有绳的一块平放着做底，上面铺上四、五张吸水纸，放上一枝标本。再在上面盖上两、三张纸，放上一枝标本（放标本时应注意：① 要整齐平坦，不要把上、下两枝标本的顶端放在夹板的同一端；② 每枝标本都要有一两个叶子背面朝上）。然后，等排列到一定的高度后（30~50 cm），上面多着几张纸，放上另一块不带绳子的夹板。压标本的人轻轻地跨坐在夹板的一端，用底板的绳子绑位一端，绑的时候要略加一些压力，同时跨坐的一端用同样大的压力顺势压下去，使两端高低一致。最后，以手按着夹板来绑的一端，将身体移开，改用一脚踏着，用余下的绳子，将它绑好。

在以上压制植物标本过程中，还应该注意的细节有：① 标本的任何一部分都不要露出纸外；② 花果比较大的标本，压制的时候常常因为突起而造成空隙，使一部分叶子卷缩起来，在压这种标本的时候，要用吸水纸折好把空隙填平，让全部枝叶受到同样的压力；③ 新压的标本，经过半天到一天就要更换一次吸水纸，防止标本腐烂发霉，同时换下来的湿纸，必须晒干或烘干，烤干，预备下次换纸的时候用；④ 换纸的时候要特别注意把重压的枝条，折叠着的叶和花等小心地张开、整好，如果发现枝叶过密，可以疏剪去一部分；⑤ 有些叶、花和果脱落了，要把它装在纸袋里，保存起来，袋上写上原标本的号码；⑥ 判断标本是否完全干燥，标本压上以后，通常经过 8 ~ 9 d，就会完全干燥了，这时把一片叶子折起来就能折断，标本也不再有初采时的新鲜颜色。

第二，针叶树标本在压制当中，针叶最容易脱落。为了防止发生这种现象，采来以后放在酒精或沸腾的开水里，或稀释过的热黏水胶溶涂里浸一会儿。多肉的植物（如石蒜种、百合种、景天种、天南星科等），标本不容易干燥，通常要一月以上，有的甚至在压制当中，还能继续生长。所以，采来以后，必须先用开水或药物处理一下，消灭它的生长能力，然后再压制，但花是不能放在沸水里浸的。

第三，在压制一些肉质、多髓心的茎和肉质的地下块根、块茎、鳞茎及肉质、多汁的花果时，还可以将它们剖开，压其一部分，压的一部分必须具有代表性，同时要把它们的形状、颜色、大小、质地等详细地记录下来。

第四，对于一些珍贵的植物及个别特殊植物，在采集时或压制处理前，除详细记录外，必要的时候可以摄影，以后可将照片附在标本一起。

把标本压制干燥后，要按照号码顺序把它们整理好，用一张纸把一个号码的正副分标本隔开，再用一张纸把这个号码的标本夹套成一包，然后在纸包表面右下角写上标本的号码。每 20 包（可视压制者的意见）依号捆成一包。

3. 植物标本的制作

1）怎样上台纸

植物标本的台纸是由硬纸制作的，通常长 42 cm，宽 29 cm。如果标本比台大，可以修剪一下，但是顶部必须保留。将已压干的植物标本，经消毒处理以后，根据原来登记的号码把标本一枝枝地取出来，标本的背面要用笔毛薄薄地涂上一层乳白胶，然后贴在台纸上。每贴好十几份，就捆成一捆，选比较重的东西压上，让标本和台纸胶结在一起。

用重物压过以后，取回来，放在玻璃板或木板上，然后在枝叶的主脉左右，顺着枝、叶的方向，用小刀在台纸上各切一小长口。把口切好后，用镊子夹一个小白纸插入小长口里，拉紧、涂胶，贴台纸背面。每一枝标本，最少要贴 5 ~ 6 个小纸条，有时候遇到多花多叶的标本，需要贴 30 ~ 40 个。有的标本枝条很粗，或者果实比较大，不容易贴结实，可以用线缝在台纸上。缝的线在台纸背面要排列整齐，不要重叠，而且最后的线头要拉紧。有些植物标本的叶、花及小果实等很容易脱落，要把脱落的叶、花、果实等装在牛皮纸袋内，并且把纸袋贴在标本台纸的左下角。有些珍稀标本，例如原始标本（模式标本）很难获得，应该在台纸上贴一张玻璃纸或透明纸，把标本保护好，防止磨损。

2）怎样登记和编号

标本上了台纸后，要把已抄好的野外记录表贴在左上角，要注明标本的学名、科名、采集人、采集地点、采集日期等。每一份标本都要编上号码。在野外记录本上、野外记录表上、卡片上、鉴定标签上的同一份标本的号码要相同。

3）标本鉴定

根据标本、野外记录，认真查找工具书，核对标本的名称、分类地位等，如果已经鉴定好，就要填好鉴定标签并贴在台纸的右下角。

4．植物标本的保存

1）怎样保存腊叶标本

在潮湿而昆虫多的地方，植物标本很容易损毁，因为植物标本容易受虫害（啮虫、甲虫、蛾等幼虫），应特别重视其加强保护。对于植物标本虫害，一般用药剂来防除。具体方法有：

① 在上台纸前，通常要用升汞酒精饱和溶液消毒。不同人员，其具体做法并不完全一样。可把标本浸在溶液里，也可以用喷雾器往标本上喷，还可以用笔涂一层。用升汞消过毒的标本，台纸上要注明"涂毒"等字样。由于升汞水在空气中发散对人是有害的，使用的时候要注意。

② 往标本柜里放焦油脑、樟脑精、卫生球等有恶臭的药品，可以有效防止虫对植物标本的损毁。

③ 用二硫化碳熏蒸，这种方法的杀虫效果很好，但是时间一长杀虫效力就消失，所以每次要熏两次才行。

④ 在标本橱里放精萘粉是简单有效地防止植物标本被虫害损毁的方法：把精萘粉用软纸包成若干小包（每包 100～150 g），分别放在标本橱的每个格里，这种方法很简便，效果也很好。

2）使用标本时应注意的事项

对标本尤其是原始标本应轻拿轻放，避免弯折。若看标本的时候顺次翻阅几份或者几十份标本，随意堆放，或把所有的标本一起翻过来，以及看完以后随意乱放，便很容易损坏标本，所以都是不允许的。正确使用标本方法是，顺着次序翻阅以后，要按照相反的次序，一份一份地翻回。同时，看完了的标本，尤其是原来收藏在标本橱里的标本，必须立刻放回原处。阅览标本的时候，如果贴着的纸片脱落了，应该把它照旧贴好。在查对标本的时候，不可轻意解剖标本。

三、植物群落特征调查

（一）植物群落属性标志与调查方法

1．植物群落属性标志

植物群落的属性标志包括群落的种类组成、区系成分、生活型组成、植株物候期、植物生活力，以及植物间相互关系的其他表现，如层和层片的分化等。属性标志能表现出群落的基本性质，是非常有用的指标。群落属性调查中定量测取植物个体、种群、层片、层等大小单位的生长和分布特征，可以更为确切地反映群落发展变化的幅度和速度，了解植物群落特征，说明各种植物之间的联系和影响，并估算潜在的植物资源，为判别植物群落间类型的差异程度提供有说服力的依据。

（1）群落的分层结构：植物群落的成层现象是极其重要的特征。一般优势层能较好地反映外界环境，其他层则更多地表现出群落内部环境。层是群落的最大结构单位，在很大程度上决定了群落的外貌特征和群落类型位置。

群落调查一般均以层为单位分别进行，森林群落一般分成乔木层、灌木层、草本（及小灌木）层、地被层四个基本层。每层内若由一些不同高度，乃至有不同生态特征的物种构成时，通常进一步细分为若干亚层。藤本植物和附生植物被列入层外植物（或称层间植物），单做记载。

（2）群落的种类组成：种类组成是群落的另一实质性属性特征。登记每个样方所有高等植物种类（分层进行）的工作必不可少，需认真而仔细。同时采集标本（即使自己以为认识），野外实习时学生不可能识别所有植物，尤其应该采集标本。不认识的种类可用采集号码代表，以后再定名订正。登记植物种类时仍要遍查样方有无遗漏，有些种类在样方中没有，但分布在样方周围，也要登记，并且其名单应分别填入各层。

（3）生活型和生活型谱：在天然和半天然植物群落中，所有植物种类不可能都属于同一生活型，而是由多种生活型所组成。因而，为了更清楚地认识群落的生态特征，调查时应把组成群落的植物种类所属的生活型和单因子生态类型尽量弄清楚。

我国关于植物生活型的分类，一般采用丹麦学者 Raunkier 的生活型系统：以温度、湿度、水分（雨量）作为表示生活型的基本因素，以植物体在渡过生活不利时期（冬季严寒、夏季干旱时）对恶劣条件的适应方式作为分类的基础，具体的是以休眠或复苏芽所处的位置的高低和保护的方式为依据，把高等植物划分为五大生活型类群。

高位芽植物（Ph）：更新芽高于地面 25 cm 处（>25 cm），其中包括又矮高位芽，0.25 ~ 2.0 m；小高位芽，2 ~ 8 m；中高位芽，8 ~ 30 m；特大高位芽，高度大于 30 m。这类植物多为乔木。

地上芽植物（Ch）：更新芽小于地面 25 cm（0 ~ 25 cm），嫩枝在生长不利的季节仍可保存，多为小灌木、半灌木（茎下部木质）或草本。其中包括常绿性、落叶性等类型的垫状植物。

地面芽植物（H）：0 cm，在生长不利的季节，地上器官全部或大部分死去，更新芽贴在地面，被枯死的地被物或土壤上层覆盖保护，地上部分枝叶伸展或匍匐。

隐芽植物（Cr）：<0 cm，冬季所有地上部分和一部分地下茎部都死去，更新芽藏在地下或水中，为多年生草本植物，在地下器官中储存营养物质。如大多数的球茎、鳞茎、块茎以及许多根状茎的植物。

一年生植物（T）：在环境恶劣时地上地下各器官都死去，只留下种子（胚）延续生命，可分为秋季萌生的越冬型，春季萌生的非越冬型。

《中国植被》采用的生活型系统，是根据植物体态划分的，共分为十四类：乔木、灌木、竹类、藤本、附生木本、寄生植物、半灌木和小灌木、多年生草本、一年生草本、寄生草本、腐生草本、水生草本、苔藓和地衣、藻菌植物等。

按 Raunkiaer 的生活型类别，群落中植物生活型的组成，是群落对外界环境最综合的反映指标，某一地区或某群落内各类生活型的数量对比关系的统计，则称为生活型谱。通常是记以各大类的种数和种数百分率，目的是反映这一植被类型的生态特征。具体可参考表 4.1 进行统计。

表 4.1　植物群丛的生活型谱调查表

各类生活型种数	高位芽植物（Ph）						地上芽（Ch）	地面芽（H）	地下芽（Cr）	一年生（T）	总计
	中(Mes. Ph)		小(Mic. Ph)		矮(N. Ph)						
	常绿	落叶	常绿	落叶	常绿	落叶					
	小计：		小计：		小计：						
	合计：										
种类（%）											

（4）物候期：物候期指的是调查时某种植物所处的发育期，可反映植物与环境的关系，既标志当地相应的气候特点，又说明植物对各样方、群落内部不同位置的小环境适应情况。野外调查时，大体可分为营养期、开花期（孢子期）、结果期（结实期）、落果期（落叶期、或枯黄期）、休眠期或枯死期。通常使用简单图像符号或缩写字母代表，填写比较方便。具体方法：

营养期：一或者不记；花蕾期或抽穗：∨；开花期或孢子期：O（可再分：初花 ⊃；盛花 O：末花 C）；结果期或结实期：+（可再分：初果 ⊥；盛果+；末果 ⊤）；落果期、落叶期或枯黄期：~~（常绿落果~~）；休眠期或枯死期：∧（一年生枯死者可记 X）。如果某植物同时处于花蕾期、开花期、结实期，则选取一定面积，估计其一物候期达 50%以上者记之，其他物候期记在括号中。例如开花期达 50%以上者，则记 O（V，+）。

（5）生活力：在了解各种植物所处物候期以后，可以判断群落中各种植物生活是否正常有力。野外记录要求区分四级生活力：

优：植物发育良好，枝干发达，叶子大小和色泽正常，能够结实或有良好的营养繁殖，也无明显病虫害。

良：枝叶较繁茂，有一定病虫害，但不影响生长，能正常结实繁殖。

中：植物枝叶的发展和繁殖能力都不强，枝叶不繁茂，有明显病虫害，已经影响生长，但可以自然恢复。

差：植物达不到正常的生长状态，显然受到抑制，甚至不能结实，有严重病虫害，自然情况下可以预计将要死亡。

2．植物群落属性调查方法

1）树高和干高的测量

树高指一棵树从地面到树梢的自然高度（对弯曲的树干只能沿直线测量）。通常在做样方的时候，先用简易的测高仪实测群落中的一株标准树木，其他各树则估测。估测时均与此标准相比较。

目测树高的两种简易的方法，可任选一种。其一为积累法，即树下站一人，举手约为 2 m，然后按 2 m、4 m、6 m、8 m，往上积累至树梢。其二为分割法，即测者站在距树远处，把树分割成 1/2、1/4、1/8、1/16，如果分割至 1/16 处为 1.5 m，则 1.5 m×16=24 m，即为此树高度。

干高即为枝下高，是指此树干上最大分枝处的高度，这一高度大致与树冠的下缘接近，干高的估测与树高相同。

2）胸径和茎径的测量

胸径：指树木的胸高直径（DBH）大约指距地面 1.3 m 处的树干直径。严格的测量要用特别的轮尺（即大卡尺），在树干上交叉测两个数，取其平均值。因为树干有圆有扁，对于扁形的树干尤其要测两个数。在地植物学调查中，一般采用钢卷尺测量。如果碰到扁树干，测后估一个平均数就可以了。但必须要株株实地测量，不能仅在远处望一望，任意估计一个数值。

如果碰到一株从根边萌发的大树，一个基干有 3 个萌干，则必须测量三个胸径，在记录时其中 2 个放在括号内。胸径 2.5 cm 以下的小乔木，一般在乔木层调查中都不必测量，应在灌木层中调查。

基径：是指树干基部的直径，是计算显著度时必须要用的数据。测量时也要用轮尺测两个数值后取其平均值。一般用钢尺也可以。一般树干基径的测量位置是距地面 30 cm 处。同样必须实测，不要任意估计。

3）冠幅、冠径和丛径的测量

冠幅：指树冠的幅度，专用于对乔木调查时的树木测量，严格测量时要用皮尺。通过树干在树下量树冠投影的长度，然后测量树冠的宽度。例如长度为 4 m，宽度为 2 m，则记录下此株树的冠幅为 4 m×2 m。在地植物学调查中多用目测估计，估测时必须在树冠下来回走动，用手臂或脚步帮忙测量。特别是对树冠垂直的树，更要小心估测。

冠径和丛径：这两指标均用于灌木层和草本层的调查。因为调查的样方面积不大，所以进行起来不会太困难。测量冠径和丛径的目的在于对此群落中的各种灌木和草本植物的固化面积。冠径指植冠的直径，用于不成丛的单株散生的植物种类，测量时以植物种为单位，选测一个平均大小（即中等大小）的植冠直径，如同测胸径一样，记一个数字即可；然后选一株植冠最大和植株冠最小，测量直径记下数字。丛径指植物成丛生长的植冠直径，在矮小灌木和草本植物中各种丛生的情况较常见，故可以丛为单位测量共同种各丛的一般丛径和最大丛径。

（二）植物群落的数量调查及其计算方法

1. 植物群落的数量调查

群落的数量特征调查，涉及项目较多，其中较重要的是密度、频度和优势度。样方法是计算群落的数量特征最重要的方法。但要研究、计算植物群落的数量特征，需要先通过对样方内进行数量指标的观测，即要登记每个样方内所有的植物种类，要分层次有顺序地进行。如先登记高位芽植物（乔木）、地上芽植物（灌木），再登记地面芽植物（草本）、隐芽植物及一年生植物。对样方内植物的调查、观测是非常重要的基础性工作，必须认真、仔细地测量，尽可能杜绝遗漏。通常按植物群落中的乔木、灌木、草本或半灌木、群落层间植物进行分层的调查统计，并将调查数据详细填入表格中记录。具体调查内容可参考表 4.2、表 4.3、表 4.4。

表 4.2　乔木层野外样方调查表

群落名称 _____ 样方面积 _____ 野外编号 _____ 第 ____ 页

层次名称 _____ 层高度 _____ 层盖度 _____ 调查时间 _____ 记录者 _____

编号	植物名称	高度/m	胸径/cm	基径/cm	冠幅（m×m）	物候期	生活力	备注
1								
2								
⋮								

表4.3 灌木层野外样方调查表

群落名称＿＿＿＿＿＿＿＿样地面积＿＿＿＿＿＿野外编号＿＿＿＿＿第＿＿＿页

层次名称＿＿＿＿＿＿＿＿层高度＿＿＿＿＿＿层盖度＿＿＿＿＿＿调查时间＿＿＿记录者＿＿＿

编号	植物名称	高度/m		冠径/m		丛径/m		株丛数	盖度/%	物候期	生活力	附记
		一般	最高	一般	最大	一般	最大					
1												
2												
⋮												

表4.4 草木层野外样方调查表

群落名称＿＿＿＿＿＿＿＿样地面积＿＿＿＿＿＿野外编号＿＿＿＿＿第＿＿＿页

层次名称＿＿＿＿＿＿＿＿层高度＿＿＿＿＿＿层盖度＿＿＿＿＿＿调查时间＿＿＿记录者＿＿＿

编号	植物名称	花序高/m		叶层高/cm		冠径/cm		丛径/cm		株丛数	盖度/%	物候期	生活力	附记
		一般	最高	一般	最高	一般	最高	一般	最高					
1														
2														
⋮														

2. 植物群落的数量计算方法

在样方调查的基础上，根据层片结构记录表的有关数据，进行植物群落数量特征的计算、比较和分析。具体计算公式如下：

1）植物种群多度（个体数）或密度

植物种群多度（个体数）或密度指的是在单位面积（样地）上某个种的全部个体数，或者叫做群落的个体饱和度，通常用若干统计样方进行计算。该方法基本能够反映该种植物的影响和适应特点，野外实习中应尽量采用直接计算（尤其调查乔木和灌木时）。对于草本植物，由于不易区分根茎植物、匍伏植物、分蘖丛生植物的个体，可通过小型统计样方测算或使用估算多度级，并需要明确规定，按照地上茎数目或者加上对应的根系数作为个体数进行计算。

密度（Density）=样方内某种植物的个体数/样方面积

即
$$D = \frac{N}{S} \tag{4.1}$$

式中：N代表样方内某种植物的个体数；S代表样方面积（m^2）。

相对密度（RD）=（某种植物的密度/全部植物种的总密度）×100

2）频度（Frequency）

各种植物在群落内不同部分的出现率称为频度，通过以下方法获得：首先在群落内不同部位取一定数目的小样地，有某种植物出现的小样地的数目占所有小样地数目的百分比即为这一植物的频度。小样地的面积根据实际情况而定，对于草本群落，通常取 1 dm^2。

频度=出现样方数/样方总数×100

即
$$F = \frac{n}{m} \times 100 \tag{4.2}$$

式中：n代表某物种出现样方次数；m代表样方总数量。

相对频度（RF）=（某种植物的频度/全部植物种的总频度）×100

频度的作用在于说明个体数量及其分布。频度指数越大，表明个体数量多且分布均匀，该物种在群落中所起的作用也大。

3）盖度（总盖度、层盖度、种盖度）的测量（Coverage）

盖度指某种植物在群落中覆盖的程度，有投影盖度和基部盖度两种表达方式。第一，投影盖度表示植物枝叶所覆盖的地面面积，以覆盖地面的百分比来表示。它表现出的是植物所实际占有的水平空间，即它利用太阳光能进行光合作用的同化面积。一般采用目测估算，也可以采用仪器量测。在林业上通常采用郁闭度来表示投影盖度。所谓郁闭度就是林冠彼此接触闭合的程度，一般以0、0.1、0.2等表示，完全郁闭时为1。第二，基部盖度指植物基部着生的面积。在草本群落中，投影盖度往往随着不同年份降水的多少而有很大差别，基部盖度则比较稳定。基部盖度一般通过量测基径然后计算获得。

群落总盖度：是指一定样地面积内原有生活着的植物覆盖地面的百分率，这包括了乔木层、灌木层、草本层、苔藓层的各层植物。所以各类植被相互层重叠的现象是普遍的。总盖度不管重叠部分，只要投影覆盖地两者都同等有效。如果全部覆盖地面，其总盖度为100%。如果林内有一个小林窗，地表正好都为裸地，太阳光直射时，光斑约占盖度的10%，其他地面为为树木或草本覆盖，那么该样地总盖度为90%。总盖度估测对于一些比较稀疏的植被来说，是具有较大意义的。草地植被的总盖度可以采用缩放尺实绘于方格纸上，再按方格面积确实的盖度百分数。

层盖度：指各分层的盖度，即乔木层盖度、灌木层盖度、草木层盖度。实测时可用方格纸在林地内勾绘，这种方法比估测法要更准确。对有经验的植物学工作者，则可用目测估计各种盖度。

种盖度：指各层中每个植物种所有个体的盖度，一般也可目测估计。盖度很小的种，可略而不计，或记小于1%。个体盖度即指上述的冠幅、冠径，是以个体为单位，可以直接测量。同时，由于植物的重叠现象，故个体盖度和不小于种盖度，种盖度和不小于层盖度，各层盖度和不小于总盖度。

4）优势种

一个群落中优势度明显较其他物种高的一个或多个物种称为优势种。优势种提供了群落中基本的物质量，在森林群落中，乔木树种一般作为优势种。优势种中的最优势者，即盖度最大、重量最大、多度也大的植物种，称为建群种。建群种是群落的创造者和建设者。它占有最大的空间，对群落的物质循环影响最大，并对群落的其他物种有较大的影响和控制作用，对改变环境所起的作用也最大。优势种以外的盖度和多度都较小的植物种称为附属种。它们对群落环境的影响较小。一般说来，优势种更能有效地利用群落的环境资源，而附属种能够利用优势种利用后余下的部分环境资源。

优势度或显著度（DE）=样方内某种植物盖度或胸高断面积

相对优势度或相对显著度（RDE）=（某种植物优势度/所有种的优势度之和）×100

5）重要值（importance value）

某种植物在群落中的相对重要性计算公式为

重要值（IV）=相对密度（RD）+相对频度（RF）+

相对优势度（显著度）（RDE）

由于密度、频度、优势度从三个角度分别表示某种植物的数量特征，而它们的相对值则可以反映某种植物在群落全体组成成员中的重要地位。所以某种植物的相对密度、相对频度和相对优势度之和，便构成某种植物的重要值，从重要值的大小可以判断某一植物在群落中的重要程度。以上公式计算的数值，填入样方抽样植物数量特征分析表，就可以清楚地看出各种植物在群落中的相互关系。下面是一个调查结果的实例，共做30个样方，其中3个树种调查结果的整理见表4.5，野外实习时可参照进行。

表 4.5 样方抽样植物数量特征分析表

日期_____地点_____群落（编号或类型）_____样方面积_____样方数目____观测人____

植物名称	样方数	株数	基面积/cm^2	相对频度/%	相对密度/%	相对优势度/%	重要值
杉	10	70	1 120	10/30=33.3	70/190=36.84	1 120/3670=30.52	100.66
松	12	80	1 530	12/30=40	80/190=42.11	1 530/3 670=41.69	123.8
白桦	8	40	1 020	8/30=26.7	40/190=21.05	1 020/3 670=27.79	75.54
合计	30	190	3 670	100.00	100.00	100.00	300.00

（三）植物群落物种多样性分析

生物多样性是指生物中的多样化和变异性以及物种生境的生态复杂性。它包括植物、动物和微生物的所有种及其组成的群落和生态系统。生物多样性可分为遗传多样性、物种多样性和生态系统多样性三个层次。植物群落物种多样性具有两种涵义：一是指一个植物群落或生境中植物物种数目的多寡（数目或丰富度）；二是指一个植物群落或生境中全部植物物种个体的数目分配状况（均匀度），它反映的是各个物种个体数目的分配的均匀程度。植物群落的多样性是群落中所含的不同物种数和它们的多度的函数，多样性依赖于物种丰富度（物种数）和均匀度或物种多度的均匀性。两个具有相同物种的群落，可能由于相对多度的分布不同而在结构和多样性上有很大差异。

植物群落物种多样性是反映群落组织化水平，进而通过结构与功能的关系间接反映植物群落功能特征的指标。物种多样性研究具有以下三个方面的意义：① 认识群落的性质；② 为群落动态监测提供信息；③ 为群落的保护和利用提供依据。植物群落物种多样性测定的数据主要来自对植物群落的野外样地调查，内容包括物种的高度、盖度、多度（以单位面积株数表示）和乔木的胸径等指标。在野外实习调查过程中，样地的设置可参考前述的观测样地设置方法，各群落类型的观察样地至少3个以上重复。

植物物种多样性是群落的重要特征，在比较两个群落的物种多样性特征时，多样性指数正是反映丰富度和均匀度的综合指标。测定多样性指标较多，这里选择其中三种代表性的指标进行说明。

1. 辛普森多样性指数（Simpson 指数）

辛普森在1949年提出过这样的问题：在无限大小的群落中，随机取样得到同样的两个标本，它们的概率是什么呢？如在加拿大北部森林中，随机采取两株树标本，属同一个种的概率就很高。相反，如在热带雨林随机取样，两株树同一种的概率很低，他从这个想法出发得出多样性指数。用公式表示为

辛普森多样性指数=随机取样的两个个体属于不同种的概率

=1-随机取样的两个个体属于同种的概率

假设种 i 的个体数占群落中总个体数的比例为 P_i，那么，随机取种 i 两个个体的联合概率就为 $1-P_i$。如果我们将群落中全部种的概率合起来，就可得到辛普森指数 D，即

$$D_s = 1 - \sum_{i=1}^{s} P_i^2 \tag{4.3}$$

式中：S 为物种数目，由于取样的总数是一个无限总体，P_i 的真值是未知的，所以它最大必然估计量是

$$P_i = N_i \Big/ N \tag{4.4}$$

即

$$1 - \sum_{i=1}^{s} P_i^2 = 1 - \sum_{i=1}^{s} \left(N_i \Big/ N \right)^2 \tag{4.5}$$

于是辛普森多样性指数为

$$D = 1 - \sum_{i=1}^{s} P_i^2 = 1 - \sum_{i=1}^{s} \left(N_i \Big/ N \right)^2 \tag{4.6}$$

式中：N_i 为种的个体数；N 为群落中全部物种的个体数。

例如，甲群落中 A、B 两个种的个体数分别为 80 和 20，而乙群落中 A、B 两个种的个体数均为 50，按辛普森多样性指数计算如下：

甲群落的辛普森指数：

$$D_甲 = 1 - \sum_{i=1}^{s} P_i^2 = 1 - \sum_{i=1}^{s} \left(N_i \Big/ N \right)^2 = 1 - [(80/100)^2 + (20/100)^2] = 0.32$$

乙群落的辛普森指数：

$$D_乙 = 1 - \sum_{i=1}^{s} P_i^2 = 1 - \sum_{i=1}^{s} \left(N_i \Big/ N \right)^2 = 1 - [(50/100)^2 + (50/100)^2] = 0.5$$

乙群落的多样性高于甲群落。造成这两个群落多样性差异的主要原因是种的不均匀性，从丰富度来看，两个群落是一样的，但均匀度不同。

2. 香农-威纳多样性指数（Shannon-Wiener Index）

香农-威纳指数和辛普森指数都包括了测量群落的异质性。香农-威纳指数借用了信息论方法。信息论的主要测量对象是系统的序（order）或无序（disorder）的含量。在通信工程中，人们要进行预测，预测信息中下一个是什么字母，其不定性的程度有多大。例如，bbbbbbb 这样的信息流，属于同一个字母，要预测下一个字母是什么，没有任何不定性，其信息的不定性含量等于零。如果是 abcdefg，每个字母都不相同，那么其信息的不定性含量就大。在群落多样性的测度上，就借用了这个信息论中不定性测量方法，就是预测下一个所采集个体属于什么种，如果群落的多样性程度越高，其不定性也就越大。

香农-威纳指数（Shannon-Wiener Index）是用来描述种的个体出现的紊乱和不确定性。如果从群落中随机抽取一个个体，它属于哪个种是不确定的，而且物种数越多，其不确定性就越大多样性就越高。其计算公式为

$$H = - \sum_{i=1}^{s} P_i \log_2 P_i \tag{4.7}$$

式中：S 为物种数目；P_i 为属于种 i 的个体在全部个体中的比例；H 为物种的多样性指数。公式中对数的底可取值 2、e 和 10，但单位不同，分别为 nit、bit 和 dit。若仍以上述甲、乙两群落为例计算，则：

$$H_甲 = -\sum_{i=1}^{s} P_i \log_2 P_i \mathrm{d}y = -(0.8 \times \log_2 0.8 + 0.2 \times \log_2 0.2) = 0.7219 \,(\mathrm{nit})$$

$$H_乙 = -\sum_{i=1}^{s} P_i \log_2 P_i = -(0.5 \times \log_2 0.5 + 0.5 \times \log_2 0.5) = 1.00 \,(\mathrm{nit})$$

香农-维纳多样性指数的意义在于物种间数量分布均匀时，多样性最高，两个个体数量不均匀的总体，物种越多，多样性越高。香农-维纳多样性指数是国内外生态学研究中采用较多的物种多样性指数，其优点为：① 较好地照顾了物种多样性的二元特征，且有均衡度指数；② 计算较为方便，有计算器就可方便地计算；③ 有比较成熟的统计处理手段，可以估计不同群落香农指数的差异水平。

3. 物种丰富度指数（Species Richness Index）

最简单的方法是比较两群落中的某类群物种的数量，即物种丰富度指数或种数。物种丰富度即物种的数目，是最简单有效的物种多样性测度方法。如果研究地区或样地面积在时间和空间上是确定的或可控制的，则物种丰富度会提供很有用的信息。因此，目前仍有许多生态学家，特别是植物生态学家经常使用该指标。对物种丰富度，根据陆生生物与水生生物的差异，通常采用两种方式进行测算。第一，用单位面积的物种数目，即物种密度来测度物种的丰富程度，这种方法多用于陆生植物的多样性研究，一般用每平方米的物种数目来表示。第二，用一定数量的个体或生物量中的物种数目，即数量丰富度（Numerical Species Richness）。这种方法多用于水域物种多样性研究，如用于浮游生物的物种多样性研究。

物种丰富度除用一定大小的样方内物种的数目表示外，还可以用物种数目与样方或个体总数的不同数学关系 D 来测度。D 是物种数目随样方增大而增大的速率。目前，本学科已提出了多种指数，其中比较重要的有：

（1）Gleason 指数：

$$d_{Gl} = \frac{S}{\ln A} \tag{4.8}$$

式中：d_{Gl} 为 Gleason 指数；S 为群落中的物种数目；A 为单位面积。

（2）Margalef 指数：

$$d_{Ma} = \frac{S-1}{\ln N} \tag{4.9}$$

式中：d_{Ma} 为 Margalef 指数；S 为群落中的总数目；N 为观察到的个体总数。

物种丰富度是物种多样性测度中较为简单且生物学意义明显的指数。实践中，关键的环节是样方大小的控制。同时，这种方法也存在着一些不足之处，若没有利用物种相对多度的信息，就不能全面反映群落的多样性水平。影响物种丰富度的因素主要有历史因素、潜在定居者的数量（物种库的大小）、距离定居者来源地的远近（物种库距离）、群落面积的大小和群落内物种间的相互作用等。

第五章　土壤地理野外调查与采样技术方法

第一节　土壤野外调查准备

一、地形图等专题图件资料的准备

雷公山自然保护区域的地形图、水文地质图是野外实习底图必备的基础图件。地形图比例尺一般多采用 1：50 000 比例尺的地形图作底图，水文地质图是对野外调查区域地质构造、岩层性质、水文结构特征调查的基础图件。结合野外实践调查目的与任务，还需匹配相当或比例尺略小的行政图与交通图等。

二、资料与图件搜集和分析

土壤资料与相关图件：搜集雷公山自然保护区野外调查、实习地点的土壤相关调查研究报告、论文或专著是实习准备工作的基础工作，也是顺利完成实践调查工作的重点。目前我国已经开展全国范围第二次土壤普查，雷公山自然保护区大比例尺土壤图及比较丰富翔实的土壤普查资料均可以利用。同时还要对现有资料在室内进行深入研究，要着重研究调查区各类土壤的发生学特性、理化性质等。

三、土壤地理野外实习常用仪器、用具的准备

野外取土样的主要工具：土锹、土镐、土铲、取土钻、剖面刀、毛刷、土壤标本铝盒、环刀（包括锤子和环刀柄）、土袋、标签、钢卷尺、记录簿、土壤剖面取样器等，以及土壤养分野外速测仪器等。

第二节　土壤野外调查方法

一、土壤调查路线选择

在山区进行土壤调查，通常需要遵循垂直等高线的原则，使选定路线能依次从山下到山

上进行。选线样地要尽量代表不同海拔高度的基岩、土壤类型，从而使线路穿通不同的土壤垂直类型带。选线还要考虑山体的大小、坡向、坡度及局部地形对土壤形成发育造成的影响。如在雷公山自然保护区，最高山峰与最低处海拔相差达 1 600 m 左右，其土壤山地垂直分异显著。同时雷公山东部处于迎风坡，而西部则处于背风坡，其土壤形成因素与环境影响也具有明显差异。另外，山区选线最好还应从河谷起，这样还可看到河流水文、基岩与地形等对土壤形成和分布的影响。

二、土壤剖面的设置与挖掘

（一）土壤剖面种类

土壤剖面按来源可分为人工剖面与自然剖面两大类。按剖面的用途和特性，又可分为主要剖面、检查剖面、定界剖面 3 种。

人工剖面：就是根据土壤调查研究的需要，人工挖掘而成的新鲜剖面。

自然剖面：通常指由于人为活动而造成的土壤自然剖面。如修建公路、铁路，进行工程、水利或房屋建设，开采矿产，平整土地，以及塌方、河流冲刷等方面均可形成土壤自然剖面。自然剖面的优点是垂直面比较深厚，可观察到各个发生土层和母质层，同时暴露范围比较宽广，可见到土层薄厚不等的各种土体构型的剖面。自然剖面有利于选择典型剖面，比较不同类型土体构型的剖面，对分析研究土壤分类、土壤特性、土壤分布规律都比较有利。自然剖面的缺点是其暴露在空气时间长，受气候等因素影响，其剖面土壤表面性态特征必然发生变化，不能代表当地土壤的真实情况。在进行土壤剖面观测时，需经过整修，去除表面旧土，暴露出新鲜剖面。

主要剖面：是为了全面研究土壤的发生学特征，从而确定土壤类型及其特性，而专门设置挖掘的土壤剖面。它是人工挖掘的新鲜剖面，从地表向下直挖掘到母质层（或潜水面）出露为止。

检查剖面：这种剖面也叫对照剖面，是为对照检查主要剖面所观察到的土壤性态特征是否有变异而设置的。它一方面可丰富和补充修正主要剖面的不足，另一方面又可以帮助调查绘制者区分土壤类型。检查剖面应比主要剖面数目多而挖掘深度浅，其深度只需要挖掘到主要剖面的诊断性土层为止，所挖土坑也应较主要剖面为小，目的在于检查是否与主要剖面相同。如果发现土壤剖面性状与主要剖面不同时，就应考虑另设主要剖面。

定界剖面：是为了确定土壤分布界线而设置的，要求能确定土壤类型即可。一般可用土钻打孔，不必挖坑，但数量比检查剖面还要多。定界剖面只适用于大比例尺土壤图调查绘制中采用，中、小比例尺土壤调查绘制中使用很少。

（二）土壤的人工剖面挖掘

首先，人工剖面的挖掘，对不同地区的不同土壤，以及不同土壤剖面目的，均应有不同的挖掘规格。通常在已选好点的地面上画个长方形，其规格大小一般为长 2 m、宽 1 m，挖掘深度一般要求 2 m。但由于山区的土壤土层较薄，则只需要挖掘到母岩或母质层。如果是要采集土壤整段标本，则土坑要求应是长 2 m、宽 1 m、深 2 m 的规格进行挖掘。其次，在山区挖掘土坑时，土壤剖面观察面要留在山坡上方。观察面还要垂直于地平面，土坑的另一端可挖掘成阶梯状，以供剖面观测者上下土坑用。通常挖掘的土应堆放在上坑两侧，不能将土堆放在观察面上方地面上，同时还不允许踩踏观察面上方的地面，以避免对土壤剖面土层的结构形态等造成影响与破坏。

三、土壤剖面观察与描述记录

土壤剖面观察记录包括对剖面土壤发生层次的划分及将各层土壤特征记录两个过程。土壤发生层次就是指在土壤形成过程中，在垂直地面方向上出现的性状上差异的各层次。

剖面土壤发生层次划分过程，首先是通过观察土壤剖面从上到下各个部位的颜色、质地、矿物组成、结构形态、紧实度、砾石含量、风化程度等一系列特征的差异，然后结合实践经验，客观地对土壤剖面的层次进行准确划分。按照一般的土壤剖面划分模式，土层从上向下依次为有机物覆盖层（O）、腐殖质层（A）、淋溶层（E）、淀积层（B）、母质层（C）、和基岩层（R）几个大的层次。有的还根据土层性质的差异在 O、A、B 层中进一步地划分出次一级的层次。但在自然界中的土壤剖面中，特别是山区的土壤，由于土壤侵蚀、剥蚀等因素的影响，土壤剖面的构型并不一定是完整的 O−A−E−B−C−R 构型，往往会发生某些层次的缺失。如雷公山自然保护区山顶沼泽土则只有 A−B−R 结构。

根据土壤剖面发生层次的基本图式，一般用符号加以标记。例如：A 代表腐殖质层；O 表示枯枝落叶层或草毡层；H 表示泥炭层；E 代表淋溶层；B 代表淀积层；C 代表母质层；D 或 R 代表母岩层。根据各土层性状与成因的差异还可细分，如在大写字母的右侧加一小写字母的方式来表示区别，A 层可细分为：Ah（自然土壤的表层腐殖质层），Ap（耕作层），Ag（潜育化 A 层）、Ab 埋藏腐殖质层；E 层可细分为：Es 或 Az（灰化层）、Ea（白浆层或漂洗层）；B 层可细分为：Bt（黏化层）、Bk（钙积层）、Bn（腐殖质淀积层）、Bin 或 Box（富含铁、铝氧化物的淀积层）、Bx（紧实的脆盘层）、BFe（薄铁盘层）、Bg（潜育化的）。C 层可细分为：Ca（松散的）、Cca（富含碳酸盐的）、Ccs（富含膏的）、Cg（潜育化的）、Cg（强潜育化）、Cx（紧实、致密的脆盘层）、Cm（胶结的）。

其次是对土壤层次已经划定的剖面，进行各层土壤性质形态特征观察和记录。在野外对土壤剖面的记录，根据调查研究目的，设计表格，进行详略恰当的记录。通常对于要求详细、精确的土壤调查，需要对剖面多项特征进行较精确的记录；对一般性概查，则可相对简略。在土层测量中，采用卷尺从地表往下量取各层深度，将数据记入剖面记录表，并对土体构型绘制剖面形态素描图。同时，完成各发生层次的性质形态特征观测与描述记载，按剖面记录表所列项目，分层进行总体描述与记载。

四、土壤理化性质野外识别与鉴定

土壤的外部形态是土壤内在性质的反映，可以通过土壤的外部形态来了解土壤的内在性质，并初步确定土壤类型。在野外可以通过简单的观察、识别等方法与步骤对土壤理化性质进行判定，有助于在野外对土壤类型与特征的认识。根据土壤地理野外实习的需要，对土壤剖面记述内容作简单说明。

（一）土壤物理性质野外识别

1. 土壤颜色

颜色是土层最突出的外部特征。土壤颜色在某种程度上反映了成土环境和土层性质。有许多土壤还是从颜色而得名的，如红壤、黄壤、棕壤、黑土等。在野外，土壤颜色普遍依据标准的门赛尔比色卡定出，完整的命名为"颜色名称（色调亮度/彩度）"，它包含有 428 个标准比色卡。

土壤颜色命名是用颜色的三属性，即色调（Hue）、亮度（Value）、彩度（Chroma）来表示的。色调：是指土壤所呈现的颜色，又叫色彩或色别，它与光的波长有关。包括红（R）、黄（Y）、绿（G）、蓝（B）、紫（P）五个主色调，还有黄红（YR）、绿黄（GY）、蓝绿（BG）、紫蓝（PB）、红紫（RP）等五个半色调或补充色调，每一个半色调又进一步划分为四个等级，如 2.5YR、5YR、7.5YR、10YR 等。亮度：也叫色值，是指土壤颜色的相对亮度。以无彩色（Neutral color 符号 N）为基准，把绝对黑作为 0，绝对白作为 10，分为 10 级，以 1/、2/、3/、4/、…、10/表示由黑到白逐渐变亮的亮度。彩度：指光谱色的相对纯度，又叫饱和度，即一般所理解的浓淡程度，或纯的单色光被白光"冲稀"的程度。土壤彩度在 0 ~ 8 范围内按间隔一单位分级，以/1、/2、/3、/4、…、/8 表示，由浓到淡。

土壤颜色命名规则是颜色名称+门塞尔颜色标量，如淡棕（7.5YR5/6），暗棕（7.5YR3/4），5/6 和 3/4 不是分数关系。土壤颜色的比色，应在明亮光线下进行，但不宜在阳光下。土样应是新鲜而平整的自然裂面，而不是用刀削平的平面。碎土样的颜色可能与自然土体部的颜色差别很大，湿润土壤的颜色与干燥土壤的颜色也是相同，应分别加以测定，一般应描述湿润状态下的土壤颜色。土层若夹有斑杂的条纹或斑点，其大小多少和对比度，影响到土色时，亦应加以描述。如根据明显度（即按土体与斑纹之间颜色的明显程度）划分为：不明显，土体与斑纹的颜色很相近，常是同一色调；清晰，即相差几个色值和彩度；明显，即不仅色值和彩度相差几个单位，而且具有不同的色调。根据丰度即按单位面积内斑纹所占面积的百分数，可分为少（即少于 2%）；中（即 2% ~ 20%）；多（即多于 20%）。

2. 土壤质地

较精确的土壤质地类型判断是通过室内比重计速测化学分析法得到的，在野外则可以依据个人经验对土壤质地特征进行初步判断，如可直接用手捻摸或加水湿揉来判断。判断方法可分为干测法与湿测法。其中：干测法是取玉米粒大小的干土粒，放在拇指与食指之间使之破碎，并在手指间摩擦，根据指压时用力大小和摩擦时的声音来确定；湿测法是取一小块土，去除石粒和根系，放在手中捏碎，加水少许，以土粒充分浸润为度，根据能否搓成球、条以及弯曲时断裂与否来加以判断。土壤质地的野外判断通常以卡庆斯基得到的判断方法为标准，现将卡庆斯基制土壤质地分类手测法标准列于表 5.1 以供参考。

表 5.1　土壤质地指感法鉴定标准

序号	质地名称		土壤状态	干捻感觉	能否湿搓成球（直径/cm）	湿搓成条状况（2 cm 粗）
	国际制	苏联制				
1	砂土	砂土	松散的单粒状	研之有沙沙声	不能成球	不能成条
2	砂质壤土	砂壤土	不稳固的土块轻压即碎	有砂的感觉	可成球，轻压即碎，无可塑性	勉强成断续短条，一碰即断

续表 5.1

序号	质地名称		土壤状态	干捻感觉	能否湿搓成球（直径/cm）	湿搓成条状况（2 cm 粗）
	国际制	苏联制				
3	壤土	轻壤土	土块轻搓即碎	有砂质感觉，无沙沙声	可成球，压扁边缘有多而大的裂缝	可成条，提起即断
4	粉砂壤土		有较多的云母片	面粉的感觉	可成球，压扁边缘有大裂缝	可成条，弯成 2 cm 直径圆即断
5	黏壤土	中壤土	干时结块，湿时略黏	干土块较难捻碎	湿球压扁边缘有小裂缝	细土条弯成的圆环外缘有细裂缝
6	壤黏土	重壤土	干时结大块，湿时黏韧	土块硬，很难捻碎	湿球压扁边缘有细散裂缝	细土条弯成的圆环外缘无裂缝
7	黏土	黏土	干土块放在水中吸水很慢，湿时有滑腻感	土块坚硬捻不碎，锤击亦难粉碎	湿球压扁的边缘无裂缝	压扁的细土环边缘无裂缝

3. 砾石含量

在山区及丘陵地区的土体中通常含有较多的砾石。砾石的大小和多少直接反映了土壤形成中的沉积过程与沉积环境。在野外可以粗略估计土壤剖面上层中砾石所占的百分比。砾质土壤质地描述，需要在原有质地名称前冠以砾质字样，如多砾质砂土、少砾质砂土等。少砾质即砾石含量 1%～5%，中砾质即砾石含量 5%～10%，多砾质即砾石含量 10%～30%。砾石含量在 30%以上的土壤属砾石土，不再记载细粒部分质名称而以轻重相区别，如轻砾石土即砾石含量 30%～50%，中砾石土即砾石含量 50%～70%，重砾石土即砾石含量大于 70%。

4. 土壤结构

土壤的结构是土壤颗粒在自然状态下黏结组成的团聚体的形状，在野外常见的土壤结构状态主要有单粒状、团粒状、核状、棱柱状、片状、块状等，具体判定标准见表 5.2。联合国粮农组织的《土壤剖面描述准则》中，对土壤结构按级、类、型等单位来划分。土壤结构可划分为4 级：①无结构即见不到团聚体，或没有明确的依次排列的微弱自然线条。若有黏结便是大块状，若无黏结便是单粒；②弱结构即能观察到不明显土体特性的团聚程度，扰动则崩解成几乎无完整土体，这些土体往往与没有团聚力的土粒混合在一起；③中等结构即已形成明显而良好的土体结构，在未振动土壤中表现不明显，扰动则崩解成多块体而完整的土体、许多碎土体及少量非团聚体的混合物；④强结构即具有明显而稳定的土壤自然结构体，黏附力差，抗位移，扰动则分散成碎块，从剖面移走时能保持完整土体，同时包括少数碎土体及无团聚土粒。

表 5.2　土壤的结构与特征

结构	特征
单粒结构	由大小不一的单粒为主的颗粒形成，土体密实，孔隙不易透水，由有机质含量的砂土板结以良而成。
团粒结构	土粒胶结成直径 1～10 mm 的近似圆球形，团粒内有毛管孔隙，团粒间有非毛管孔隙，是保水、保肥的理想结构。
块状结构	结构体形态不规则，表面不平坦，但三轴方向发育大体相等，常发育于黏重的土壤中

续表 5.2

结构	特征
核状结构	结构体形状大致规则，呈圆形或扁圆形，直径 1 cm 至数厘米，表面较光滑，界边与棱角呈尖形，常见于缺乏有机质而多含铝、铁和石灰质的无机胶结物的土壤中
棱柱状结构	结构体形似柱状，有相当明显的光滑垂直侧面，而端呈圆形或平底，土壤孔隙性较差，坚硬而通气性差，常见于水稻土
片状结构	结构体成薄片状，是在干湿交替的作用下土粒定向排列而成，多发生于缺乏有机质的粉砂质土壤中

5. 松紧度

松紧度也称坚实度或硬度。坚实度指单位容积的土壤被压缩时所需要的压力，单位用 kg/cm³；硬度指土壤抵抗外压的阻力（抗压强度），单位用 kg/cm²。测定土壤坚实度通常可采用可使用土壤坚实度计。在野外没有仪器的情况下，可用采土工具（剖面刀、取土铲、土钻等）粗略地测定土壤的松紧度。松紧度一般分为 4 级：① 疏松，土钻、铁铲等放在土面，不加压力即能自行进入土中，如砂土；② 稍紧实，稍加压力，土钻、铁铲即能进入土体，如壤土；③ 紧实，土壤结构较紧，必须用力，土钻、铁铲才能进入土中，如黏土、轻黏土；④ 极紧实，需用大力铁铣才能进入土中，但速度慢，取出不易，而取出后有光滑的表面，如重黏土及具有柱状结构的心土层等。

6. 孔隙状况

孔隙状况包括孔隙的大小和孔隙度两方面，在野外很难对土壤孔隙状况进行比较准确的判断。野外调查时可使用"多大孔隙""有大量的细小孔隙"或"少量孔隙"等较模糊的描述语言。对于某些土壤中有发育很强的棱柱状结构体，结构体之间的垂直裂隙比较突出，并强烈影响土壤的水分运动，应该对孔隙状况进行认真观察与分析。

土壤剖面描述孔隙时，要从孔隙的大小、多少和分布特点等三方面进行仔细观察和评定。一般情况，土壤孔隙的大小分级标准：孔隙直径 < 1 mm 为小孔隙；孔隙直径 1～2 mm 为中孔隙；孔隙直径在 2～3 mm 为大孔隙。土壤孔隙的多少，用单位面积上孔隙的数量来划分。一般可分为：孔隙间距约 1.5～2 cm，少量孔隙，即每 10 cm² 有 1～50 个孔隙；孔隙间距约 1 cm 左右，中量孔隙，即每 10 cm² 面积上有 51～200 个孔隙；孔隙间距约 0.5 cm，多量孔隙，即 10 cm² 内有 200 个以上的孔隙。土壤孔隙的形状有：海绵状孔隙，直径 3～5 mm，呈网纹状分布；穴管孔隙，直径 5～10 mm，为动物活动或植物根系穿插而形成的孔洞；蜂窝状孔隙，孔径 > 10 mm，是昆虫等动物活动造成的孔隙，呈网眼状分布。

7. 土壤湿度

观察土壤的干湿状况，有利于了解土壤的墒情。在野外判断的土壤湿度只是相对的，通常只对在晴天时比较土壤剖面上下各层的相对含水量有意义。土壤的湿度在野外也是通过手感经验来判断的。湿度一般分为五级。① 干：土壤放在手中，觉不出有凉意，无湿润感，捏之可散成面状，吹时可扬起尘土。② 稍润：土壤放在手中有潮感，吹时不扬尘，手捏不成团。③ 润：土壤放手中有明显的湿感，手捏成块，扔之散碎。④ 潮湿：土壤放在手中有明显湿痕，能捏成团，扔之不碎，但手压无水渗出。⑤ 湿：手压有水渗出，黏手。

8．新生体

新生体不是成土母质中的原有物质，而是土壤发育过程中新生成的产物，如石灰结核、铁锰结核、锈纹锈斑、盐斑、假菌丝、盐结皮，铁锰胶膜等。野外观察时，要详细记载各种新生体的种类、性状、坚实度和厚度。新生体的种类、数量和分布层位，有助于判断土壤形成作用的方向与性质，并且也能借以判定土壤发育的条件。因此，土层中的新生体种类和状态常能指示土层的性质和发育程度。

9．植物根系

植物根系的多少、种类以及在土层中分布状况，对土壤形成过程和土壤性质演化有重要作用。所以在土壤剖面观察描述植物根系的形态，对土壤理化性质的掌握具有重要意义。植物根系的观察、描述标准可分为根系的粗细与数量两方面。第一类标准，按植物根系的粗细分级：极细根即直径小于 1 mm，如草原土壤中的禾本科植物毛根；细根即直径 1～2 mm，如禾本科植物的须根；中根即直径 2～5 mm，如木本植物的细根；粗根即直径＞5 mm，如木本植物的粗根。第二类标准，按植物根系的含量多少，可分三级描述：少根即土层内有少量根系有 1～2 条/cm^2 根系；中量根即土层内有较多根系有 5 条/cm^2 以上根系；多量根即土层内根系交织密布在 10 条/cm^2 以上。此外若某土层无根系，也应加以记载。

10．侵入体

侵入体指由于人为活动由外界加入土体中的物质，包括土壤的砖块、瓦片、岩石碎块、陶瓷片、灰烬、炭渣、焦土块、死亡动物的骨骼、贝壳等。它们的存在与土壤形成因素作用一般没有直接的关系，但可以用来判断母质来源和古土层的存在情况。对侵入体观察，要辨别是人类活动加入土体的物质，还是土壤侵蚀再搬运沉积的物质。来源不同，土壤形成发育所经历过程就存在差异。

（二）土壤 pH 的测定

土壤的 pH 是土壤重要的基本性质，是影响土壤肥力的一个因素，并影响土壤中微生物活动和植物的正常生长，具有较大实用价值。野外调查土壤 pH，不但可帮助了解土壤的性质，也可作为土壤野外命名的参考依据。在野外测定土壤 pH，可使用便携式土壤 pH 速测仪器进行测定，也可采取简易速测法。简易速测法的具体步骤是：取少量土样，放于白瓷板孔穴中，加蒸馏水一滴，再加 pH 混合指示剂 3～5 滴，以能湿润土样并稍有余为度。用小玻棒充分搅拌、澄清，倾斜瓷板观察溶液色度，并与相应的比色卡比较确定 pH。我国各类土壤 pH 变动范围大。南方红、黄壤 pH 在 4.5～6.0；广东、福建、台湾的山地黄壤表层 pH 在 3.6～3.8；长江中下游低山丘陵的土壤 pH 在 6.0～7.0；石灰性土壤 pH 在 7.5～8.5；北方碱化土 pH 在 9.0 以上。北京地区的山地棕壤 pH 在 6.0～7.0；山地淋溶褐土 pH 在 6.7～7.3，普通褐土 pH 在 7.0～8.2 之间。雷公山自然保护区土壤均呈酸性，pH 在 4.0～6.0。

五、土壤样品采集

在观察和记录土壤剖面资料后，如需进一步作室内观察或作实验室精确实验分析，则要采集土壤分析样品。土壤样品采取包括土壤剖面整段标本、土盒标本、土壤分析样品的采集。

（一）土壤剖面整段标本

土壤整段标本包括木盒整段标本与土壤层整段标本。通常采用木盒整段标本的采集。木盒规格：我国采用内径长、宽、厚为 100 cm×20 cm×5 cm。采取方法：① 在已挖好的土壤剖面上，应用木框比划大小，并用削土刀仔细削，挖一个与整段标本木框的内径尺寸一致的立方土柱；② 在土柱削好后，将标本木盒的木框套入土柱，细削去突出于木框外的土体，然后将盖子用螺丝钉固定于木框上，从土柱两侧向里切削，取下剖面标本；③ 用刀削去高出木框的土体，并将剖面挑成自然裂面，最后加盖并用螺丝钉固定，整段标本即采好。

土壤层整段标本的采集：① 首先挖好土壤剖面，然后与采集木盒整段标本相同，先挖一个长方体土柱，其大小规格是 100 cm×17 cm×8 cm。② 将采土器套在土柱上，其顶部需空出 3 ~ 5 cm，并采土器上端用螺丝固定。③ 用削土刀先在采土器下端 50 cm 处切一条缝，然后用刀或铁丝将土柱后边与剖面切开，再将采土器连同土柱平托到地面上。④ 将已准备好的三合板或纤维板，涂上原汁乳胶（不加水），紧贴于削平的土面上，并将采土器连同土壤和三合板翻身，使三合板平放于地面，土体和采土器黏在三合板上，松开螺帽，取下螺丝杆，将采土器折起，轻轻从土体上取下来。⑤ 将采土器反折起，放上三根螺丝杆，再将三合板连土一起轻轻平放在采土器的三根螺丝杆上，土面朝上，拧紧螺帽加以固定，使螺杆与采土器边缘之高差（高度）约 1 cm。⑥ 最后用削土刀将多出的土体削平，再用小刀挑成自然裂面，用毛刷轻轻将浮土横向扫掉，再从采土器上取下来，用毛刷醮上稀释后的白乳胶、慢慢滴洒于土面，使其自然下渗，胶水晾干后，薄层整段标本即采制成功。

（二）土盒标本

在野外进行土盒标本采集的具体方法是：由下而上依次在各层中选择有代表性的典型部位，逐层采集原状土，拿出结构面，尽量保持原状，依次放入纸盒各层中，结构面朝上；于纸盒底左侧用铅笔注明编号及各层深度；在盒盖上同样用铅笔注明剖面编号、土壤名称、采集地点、层次及深度、采集人、采集日期等；采完后用橡皮筋束紧，勿倒置，勿侧放，携回实验室风干保存。土盒标本主要用于拼图比土的标本，其典型者也可留作陈列标本。

（三）土壤分析样品的采集

土壤分析样品采集，是决定分析结果是否准确的重要环节，采集来的土样是用来进行室内理、化分析用的基本土样，分为土壤剖面分析样品与土壤农化分析样品。

作为土壤地理学用的分析样品，通常是土壤剖面分析样品。土壤剖面分析样品采样：① 可按剖面形态观察中所划分的土层分层采样，也可按典型的发生层次采样，其具体采样部位是在每层次的中心位置，采样时一般从下层向上层按层次采样。② 采样中过程中需除去石子和明显的植物根系等杂物，并将采样按深度分层记入剖面记录表中。③ 每层采样约 1 kg，所采土样分层、分袋装好。④ 土样采装好后，填写采土标签（一式 3 份：一份作存根备查，一份挂在土袋外的线绳上，一份折叠好装入土袋内）。然后将同一剖面各层土样的土袋拴在一起。⑤ 所采样品带回室内后，当天就要倒出风干，以免霉烂变质。

土壤农化样品的采样：结合生产任务的野外实习，往往也要采集土壤的农化分析样品。农化样品一般是采耕作土壤的耕作层（约 20 cm）。通常采取蛇形线或对角线等距离布置样点，精准农业通常采用网格法采样。采样点应避开特殊的地点，如粪底盘、地边、沟边等。采样点数根据采样区的面积而定，一般为 15～20 个。采样方法随采样工具而不同。常用的采样工具有小土铲和土钻。用土铲取土时是在采样点上根据采土深度斜向采取上下一致的薄片。用土钻取土则是将土钻钻入土中，在一定土层深度处，取出一均匀土柱。各样点样品集中混匀，一个混合样品量为 0.5～1 kg。若土量太多，可将土样放在塑料布上，用手捏碎混匀，用四分法取出一部分，装入样品袋，内外附上标签，注明采样地点、深度、前茬或施肥情况、采样人和日期等，带回室内风干、处理。在地表淹水情况下采集水田土样时应注意地面要平，只有地面平整才能做到取土深度一致。一般用带有刻度的管形土钻取土，取出土钻时，上层水即流走，湿土装入塑料袋中。其余同旱地采样。

六、土壤分布草图绘制

野外实践调查中土壤图的绘制是非常重要内容之一。在实习调查过程中，因为调查时间较短，所以应以调查路线土壤图及区域中、小比例尺土壤分布图为主要内容。

（一）调查路线土壤图绘制

调查路线土壤图是以野外调查资料为基础，具体方法与注意事项有：① 利用 1∶5 万地形图及水文地质图等资料，根据土壤调查要求，在图上确定调查路线。② 采取重点观察，沿线填图的方法对调查路线的土壤类型进行详细调查，对沿途植被、地质、地貌的连续变化情况进行认真观察，在图上标注，并绘制土壤图。③ 当土壤及成土条件有显著变化时，要注意观察，并在代表性地段进行土壤剖面的观察、记录及取土样。④ 对沿线地貌、母质和植被变化情况，也尽可能填绘于路线图上；对于地形图上距离、方位、地物等误差，应随时修正，正确地画出土壤界线。⑤ 在路线土壤调查过程中，还要认真观察沿线两侧土壤分布情况，推测沿线土壤分布宽度，并在地形图上勾画出来。⑥ 对于山区最好选用从河溪谷底到某一山峰的地段。从河谷起，按选中地形和相应的土壤类型，依既定方位分段量取距离、坡度、高度等数据，再将这些数据按特定比例尺（包括水平、垂直比例尺），缩绘成断面曲线草图。⑦ 如果调查路线附近有特殊的地貌、母质和植被区域，应观察。如果遇山地，应登高观察土壤的垂直分布规律，远眺周围的土壤和自然条件，使测制土壤图时能获得更多的实地观测资料。⑧ 向当地群众访问，以便深入了解当地土壤资源分布及其自然条件和社会情况。

（二）区域中、小比例尺土壤图调查绘制

区域中、小比例尺土壤分布图的调查绘制，技术方法相对较为复杂，属专业部门深入调查的项目。土壤调查制图界线与精度：① 由于自然地理环境中土壤分布界线的渐变性，以及土壤图调查绘制中，土壤类型的划分主要根据剖面形态特征的差异，具体勾绘其分布界线可依据地形、植被、母质、人为活动等成土因素的不同组合特点而定。② 在土壤（分布）界线变化明显的地区，土壤剖面形态差异也相对清晰，土壤类型易于划分，分布界线亦容易勾绘。对于土壤界线变化不明显的地区，其土壤调查界线不好划分，则规定有一定的允行误差范围，如直线（分界线位移）允许误差、面积允许误差。确定土壤调查制图单元及其排列方式：确定制图单元应遵循我国土壤分类的单位系统，分类单位按土类、亚类、土属、土种、变种五级划分，土壤名称按 1978 年中国土壤分类命名。制图单元的排列影响分类的系统性、规律性和图幅内容的清晰度。可按照地带性土壤—隐域性土壤—高山土壤—耕种土壤的顺序排列。各土类所属各级分类制图单元的排列，可采取土类名称之下列出亚类，然后再按土属、土种的方式排列。中小比例尺可以土类、亚类为主制定制图单元。

另外还可采用航空像片进行土壤判读和编制区域土壤概图。土壤并不完全位于地表，其土壤剖面构型、土层厚度及各土层的理化性质，在航空像片上并不能直接地被反映出来。但土壤的发生发展和分布是在地形、母质、植被和农业利用方式等因素共同制约下形成的。故可根据土壤的发生学和地理景观学理论，推测出土壤类型、分布、成因及某些属性。这些成土因素中，植被是直接反映在航空像片上，并且由于它们内在理化性质和表面特征的不同，反映在航空像片上就会形成具有不同的光学和几何学特征的影像。如不同的形状、大小、色调、阴影、图案等，也有可能被判读出来。植被覆盖好，分异性强的区域，很容易根据植被分布与土壤分布的相关性进行判别。

第六章　地质、地貌野外调查的技术与方法

第一节　地质、地貌野外调查工具及使用方法

一、地形图的使用

地形图是国民经济建设中不可缺少的图面资料。在农林业生产中，土地规划、资源开发、森林资源调查、林区规划设计、农田基本建设、运输道路的勘察设计、水利工程规划及野外地质与生态调查等工作，都是以地形图为基础图件之一进行工作的。

1. 概　念

将地球表面的地形地物，经过测量，按一定的比例尺缩小后，按一定的方法投影在平面上，用不同的符号、线条综合后表现在图纸上，形成与地面相似的图形，称为地形图。它是地表地形、地物空间位置的实际反映。

地形：是地物地貌的总称。

地物：指地面上诸如房屋、道路、田园、城镇、河流等物体。

地貌：指地面上高低起伏如山岭、平原、断崖、绝壁等形体，是地球表面多种多样的高地和凹地的总称。

2. 分　类

地形图按比例尺大小、内容、用途等的不同可进行如下分类：

（1）按比例尺大小分类：

大比例尺地形图，比例尺为 1∶2 000、1∶5 000、1∶10 000 等。

中比例尺地形图，比例尺为 1∶50 000、1∶25 000 等。

小比例尺地形图，比例尺小于 1∶100 000。

（2）按地形图的内容分类：

普通地形图：具有区域的自然地理和社会经济等方面要素的地形图。

专门地形图：除具有普通地形图的各要素外还包括某些特有的专门资料要素。

（3）按地形图的用途可分为参考图、教学图、军用图、飞行图、航海图等。

在教学使用地形图，通常是除去军事要素的中比例尺普通地形图。

3. 地形图的一般特征

地形图既是重要的国家机密图件，必须按照国家的相关法规依法使用，并承担相应的保

管责任，也是野外地质工作者的向导和野外搜集原始资料和最终地质成果的重要载体。

地形图上地形的起伏变化通常用等高线来表示。等高线具有以下几个特点：① 同线等高；② 自行封闭；③ 在同一张地形图内，相邻两根等高线之间始终存在一个恒定的垂直高差值，即等高距。因此等高线不能相交，不能合并（除悬崖、峭壁外）。在地形图中不同地形的等高线所表示的疏密和弯曲样式不同。

4. 读地形图

地形图是野外作业必备的基础资料，用好地形图首先要读地形图上的内容。读图目的是了解、熟悉工作区的地形地貌和道路村庄的分布情况，以便制订出适合该地区野外地质工作的计划和路线；既能保证野外地质工作的安全，又有利于保证野外地质工作的质量，以取得最大的工作效果。读地形图的一般原则是：先图框外，后图框内。其步骤如下：

读图名：图名位于图幅的正上方，通常是以图内最重要的地名来命名的，如雷公山自然保护区所在地区 1∶5 万地形图，主要就在雷山县。

了解比例尺：从比例尺可以了解图幅面积大小、地形图的精度及等高距，比例尺一般用数字或线条表示。

地形图的图幅位置：地形图上坐标线表示地理南北方向，纬度线表示地理东西方向，从图幅上所标注的经纬度可以了解地形图的地理位置。在图幅的左上角标有接图表，表示与相邻图幅的相邻位置关系。

读磁偏角：在不同的地区有不同的磁偏角。在开始野外地质工作前，首先要校正罗盘的磁偏角，以便罗盘测出的方位与实际的地理方向一致。

读图例：图例一般标在图框的右侧，用不同的符号表示图内不同的地形、地物或特殊标志物。

了解绘图时间：一般标注在框外的右下角。伴随制图技术的发展，时间越晚，图件制作的精度越高。

5. 野外调查地形图的使用方法

（1）室内判读

根据地形图上已标出的三角点、埋石点、山名、村名等，在依据明显的山头、山峰、大的分水线（山脊线）、合水线（山沟）位置及走向用笔草绘出来，以便野外对图时清晰易看。

（2）野外对图

当进入某一调查区域工作时，必须逐一将地形图上的地形、地貌、地物与实地相对应的地形、地貌、地物核对验证，这个过程叫野外对图或野外判读。

（3）对图

首先是确定方位，就是图上的东西南北向要与实地的东西南北向一致。确定方位，一般可采用：① 罗盘仪定向：即将磁针所指的南北向与地形图上南北向吻合。② 明显地物、地貌定向：即以大的山头、山峰、有方位意义的塔、桥、公路、河流间的交叉点为依据使图上所示位置与实地所示的位置相吻合。③ 在判定方位后，根据地形图上的等高线特点，逐一判读山脊走向、坡度、坡向、道路、河流、村庄、农田等地物、地貌，详细核对有无差错，对变化的地物、地貌，要及时地在地形图上加以增补或删除，直至完全符合为止。

6. 地形图的应用

地形图在野外地质工作中主要起到以下几个方面的作用：

布置观察路线：布置野外地质观察路线既要考虑到地质内容，也要考虑到地形情况。地形的陡缓将直接影响地质露头的好坏和徒步穿越的可能性和安全性。陡壁、河谷、公路旁常常有较好的露头，是野外地质工作常往的地方。尽管如此，还是应当尽量从它们的旁边选择地质露头好、便于步行又省力的观察路线。

标注地质观察点：在进行野外地质工作时，除了对野外观察到的地质现象要进行详细的文字描述外，还要记录观察点的位置并标注在地形图上，这种操作就叫定地质点。在野外定地质点是科学地质工作程序中最基础的工作，否则失去地质点支撑的地质记录将毫无价值。在野外地质工作中常用的定点方法有两种，分别是地形地物定点法和后方交会定点法。

（1）地形地物定点法就是根据观察点与在地形图上标注的特殊地形、地物的相对位置关系确定观察点位置的方法。该方法简单、准确、便捷，是野外地质工作常用的定点法。

（2）后方交会定点法常用于观察点附近没有明显地形地物标志的情况，其方法是观察者首先瞭望可以搜索到的所有明显的标识物（如山头、三角点、建筑物等），然后在图上读出标识物在图中的位置，选择其中易于测量和作图的两个标识物 A、B 及其在地形图上的位置 A'、B'，用罗盘测出标识物 A、B 的方位角 α 和 β，在地形图上分别以 A'、B' 点为原点，坐标纵线为一边用量角器时出 α 和 β 角并作直线相交，交点即为观察者所在的观察点。

利用地形图制作地形剖面：在野外路线地质工作中，为了形象地表达观察到的地质内容，常常要手工绘制地质剖面图。制作这类图件时，可以在地质图上读出预定的地质路线，按照设定的比例尺在野外记录簿方格纸页上作出图切地质剖面，作为野外观察和修正的基础图形。在野外作业中，再根据实际地形作出修正并把观察到的地质内容对应绘制到地形剖面图上，就制作成一幅信手地质剖面图。

7. 使用地形图应注意的几个问题

通常在教学中使用的地形图是 20 世纪六七十年代航测和调绘的，截止目前，其地形和地貌可能发生较大变化，在实地应用时应加以认真判读和识别。

（1）大的山头、山峰、山脊河流及其走向等比较明显的地物、地貌是准确的，可用以对图。而一些小的地形，特别是复杂的局部地区小地形，在图上不太明显，在实际工作中要反复对照。

（2）公路、河流的交叉点、桥梁等大部分是准确的可作为判读地形的主要地物标志。

（3）庙宇、塔等重要地物标，在开阔地区是准确的，在隐蔽地区是表示大概位置。

（4）地形图上所示的国家测量三角点、埋石点及水准点的位置是精确的，可用来对图和寻找方位。

（5）地形图是国家机密资料，使用时务必妥善保管，不得遗失。

二、地质罗盘的使用

地质罗盘是野外地质工作中必不可少的工具，借助它可以测量方位、地形坡度、地层产状、定地质点等，以及测出任何一个观察面的空间位置（如岩层层面、褶皱轴面、断层面、节理面等构造面的空间位置），以及测定火成岩的各种构造要素，矿体的产状等。因此地质工作者与地理科学专业学生都必须熟练掌握地质罗盘的使用方法。

（一）地质罗盘仪的基本构造

地质罗盘一般都由磁针、磁针制动器、刻度盘、测斜器、水准器和瞄准器等几部分组成，并安装在一个非磁性物质的底盘上（地质罗盘仪结构见图 6.1）。

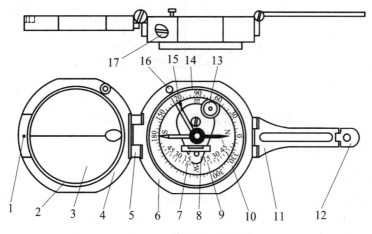

图 6.1 地质罗盘仪构造

1—瞄准钉；2—固定圈；3—反光镜；4—上盖；5—连接合页；6—外壳；7—长水准器；
8—倾角指示器；9—垂直刻度盘；10—磁针；11—长照准合页；12—短照准合页；
13—圆水准器；14—方位刻度环；15—拨杆；16—开关螺钉；17—磁偏角调整器

（1）磁针：一般为中间宽两边尖的菱形钢针，安装在底盘中央的顶针上，可自由转动。由于我国位于北半球磁针两端所受磁力不等，使磁针失去平衡。为了使磁针保持平衡常在磁针南端绕上几圈铜丝，用此也便于区分磁针的南北两端。不用时应旋紧制动螺丝，将磁针抬起压在盖玻璃上避免磁针帽与顶针尖的碰撞，以保护顶针尖，延长罗盘使用时间。在进行测量时放松固动螺丝，使磁针自由摆动，最后静止时磁针的指向就是磁针子午线方向。

（2）水平刻度盘（外圈，并位于上层）：水平刻度盘的刻度的标示方式：从零度开始按逆时针方向每 10°一记，连续刻至 360°，0°和 180°分别为 N 和 S，90°和 270°分别为 E 和 W，利用它可以直接测得地面两点间直线的磁方位角（见图 6.2）。

（3）垂直刻度盘（内圈，并位于下层）：专用来读倾角和坡角读数，以 E 或 W 位置为 0°，以 S 或 N 为 90°，每隔 10°标记相应数字。

（4）悬锥：是测斜器的重要组成部分，悬挂在磁针的轴下方，通过底盘处的觇板手可使悬锥转动，悬锥中央的尖端所指刻度即为倾角或坡角的度数。

（5）水准器：通常有两个，分别装在圆形玻璃管中，圆形水准器固定在底盘上，长形水准器固定在测斜仪上。

（6）瞄准器：包括接物和接目觇板，反光镜中间有细线，下部有透明小孔，使眼睛、细线、目的物三者成一线，作瞄准之用。

在图 6.1 所示的地质罗盘中，有两套测量系统，其中 7、8、9 为垂直测量系统，用于岩石倾角，山坡坡角等，其余全为水平测量系统，用于水平方向的定向、定位测量。

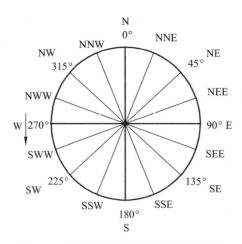

图 6.2　地质罗盘仪水平刻度盘示意图

（二）地质罗盘仪的使用

1. 磁偏角的校正

因为地磁的南、北两极与地理上的南北两极位置不完全相符，即磁子午线与地理子午线不相重合，地球上任一点的磁北方向与该点的正北方向不一致，这两方向的夹角叫磁偏角。地球上某点磁针北端偏于正北方向的东边叫做东偏，偏于西边称西偏。东偏为正西偏为负。因此，罗盘使用前，首先要校正磁偏角。如果在野外调查工作中不进行校对，其测定的数字将会产生误差或错误。具体校正方法：如贵阳市磁偏角为偏西 1°17′，校正时可以用罗盘配备小钥匙或刀片，旋转罗盘外壳合页旁的手动螺旋，让水平刻度盘逆时针旋转 1°17′，即以 358°43′对准刻度盘上方正北标志点即可。

2. 定向与定位

定向：要确定自己所在位置位于已知标志物（树、房屋、山顶等）的什么方向时，具体操作如下：

（1）当目标在视线（水平线）上方时的测量方法。右手握紧仪器，上盖背面向着观察者，手臂贴紧身体，以减少抖动，左手调整长照准器和反光镜，转动身体，使目标、长照准尖的像同时映入反光镜，并为镜线所平分，保持圆水泡居中，则读磁针北极所指示的度数，即为该目标所处的方向。按照同样的方法，在另一测点对该目标进行测量，这样两个测点对同一目标进行的测量得出两线沿着测出的度数，相交于目标，就得出目标的位置。

（2）当目标在视线（水平线）下方时的测量方法。右手紧握仪器，反光镜在观察者的对面，手臂同样贴紧身体，以减少抖动。左手调整长照准器和上盖，转动身体，使目标、照准尖同时映入反光镜的椭圆孔中，并为镜线所平分，保持圆水泡居中，则读磁针北极所指示的度数，即为该目标所处的方向。按照同样的方法，在另一测点对该目标进行测量。这样从两个测点对该目标进行测量，得出两线沿着测出的度数，相交于目标，就得出目标的位置。

方位的计量数据来自地理坐标系，与数学中的几何坐标系明显不同。它以纵轴正北方向为 0°，顺时针方向计量，东为 90°，南为 180°，西为 270°。依次可划分为北东（NE）、东南（ES）、南西（SW）、西北（WN）四个象限，二者可以换算。例如 E30°S，读作"东偏南 30°"，实际为 120°方向；260°可以标志为 W10°S。学习者可自己画图并练习换算，以熟悉地理坐标系。

定位：某些重要的观察点，除了地质内容的观察和描述，还要记下它们的位置。这就需要进行定位测量。具体方法是：选择两个不在一条直线上的标志，利用前面定向的测量方法确定观察点在标志物的方位，记录在笔记本上。如带有地形图，选出地形图上标记的实际标志物，二个、三个均可。取得数据后作图：① 以标志物为原点，建立地理坐标系，其方向应与地形图一致；② 将测量的方位数据分别用直线表示出来；③ 两条直线交会处应是观察点在地形图上的位置。如果测了三个数据，三条直线交成一点，说明测量数据是准确的，如若交成三角形，说明测量有误差，三角形大小意味着误差大小。观察点应位于三角形中心，误差过大时，须重测。

3. 岩层产状的测量

岩层的空间位置取决于其产状要素，岩层产状要素包括岩层的走向、倾向和倾角。岩层产状测量是十分重要的，测量岩层产状是野外地质工作的最基本的工作方法之一，必须熟练掌握（见图 6.3）。岩层产状是描述岩层空间展布状态、分析岩层形变和研究地质构造的重要数据。首先选定一个较平整的岩层面，注意选定时一定要前后左右观察一下岩层层面的位置，不要将节理面或风化面当成层面。

图 6.3　岩层产状要素及其测量方法

（1）岩层走向的测量

岩层走向是岩层层面与水平面交线的方向，也就是岩层任一高度上水平线的延伸方向。测量时将罗盘长边与层面紧贴，然后转动罗盘，使底盘水准器的水泡居中，读出指针所指刻度即为岩层之走向。因为走向是代表一条直线的方向，它可以两边延伸，指南针或指北针所读数正是该直线之两端延伸方向，如 NE30°与 SW210°均可代表该岩层之走向。

（2）岩层倾向的测量

岩层倾向是指岩层向下最大倾斜方向线在水平面上的投影，恒与岩层走向垂直。

测量时，将罗盘北端或接物觇板指向倾斜方向，罗盘南端紧靠着层面并转动罗盘，使底盘水准器水泡居中，读指北针所指刻度即为岩层的倾向。假若在岩层顶面上进行测量有困难，也可以在岩层底面上测量。仍用对物觇板指向岩层倾斜方向，罗盘北端紧靠底面，读指北针即可。假若测量底面时读指北针受障碍时，则用罗盘南端紧靠岩层底面，读指南针亦可。

（3）岩层倾角的测量

岩层倾角是岩层层面与假想水平面间的最大夹角，即真倾角，它是沿着岩层的真倾斜方向测量得到的，沿其他方向所测得的倾角是视倾角。视倾角恒小于真倾角，也就是说岩层层面上的真倾斜线与水平面的夹角为真倾角，层面上视倾斜线与水平面之夹角为视倾角。野外分辨层面之真倾斜方向甚为重要。它恒与走向垂直，此外可用小石子在层面上滚动或滴水在层面上流动，此滚动或流动之方向即为层面之真倾斜方向。

测量时将罗盘直立，并以长边靠着岩层的真倾斜线，沿着层面左右移动罗盘，并用中指搬动罗盘底部的活动觇扳手，使测斜水准器水泡居中，读出悬锥中尖所指最大读数，即为岩层之真倾角。

地质图上的标识：一般情况在对走向不做特别要求时，岩层产状数据只需量出倾向和倾角。记录形式如下：如用方位角罗盘测量，测得某地层走向是 330°、倾向为 240°、倾角为 50°，记做 330°/SW∠50°，或记做 240°∠50°（即只记倾向与倾角即可）。在平面地质图上标记为 ⊤ 50°，其中长线为走向，短线为倾向，50°为倾角。长、短线的方向参照地理坐标系作出。从中一眼即可看出：走向东西，倾向南。

野外测量岩层产状时需要在岩层露头测量，不能在转石（滚石）上测量，因此要区分露头和滚石。区别露头和滚石，主要是多观察和追索并要善于判断。测量岩层面的产状时，如果岩层凹凸不平，可把记录本平放在岩层上当作层面以便进行测量。

三、放大镜的使用

手持放大镜是野外工作必备的工具之一，通常使用的放大镜有放大 5 倍、放大 5~10 倍和放大 10~20 倍三种类型。放大倍数越大的放大镜，其镜片的曲面半径愈小，焦距愈短，景深也愈小，只有把放大镜置于非常靠近眼睛的位置才能清晰地看到放大了现象，因此必须正确地掌握放大镜的使用方法。使用放大镜观察岩石、矿物、生物化石及其结构和构造时，一般左手持需要观察的标本，右手的大拇指和食指夹持打开的放大镜，右手的中指轻轻地压在被观察物表面上，始终与左手呈不离不弃之势。同时移动左右手，使放大镜靠近眼睛至看到放大的现象为止，与此同时可微微弯曲中指，调节放大镜与观察物之间的距离即可得到最佳稳定、清晰放大后的现象。

四、野外记录簿的使用和地质绘图

（一）野外记录簿的使用

1. 野外记录簿的构成和使用规范

野外记录簿被视为野外地质调查工作用来承载原始资料的最重要的载体，野外地质地貌调查工作人员，必须将观察到的各种地质现象客观、准确、清楚地记录在专用的野外记录簿上。野外记录的质量直接关系到地质工作成果的质量，也直接反映了地质调查人员的科学态度和工作作风。

野外工作记录簿（野簿）是一种在地质野外调查中，专门作为野外作业时使用的记录簿。它由 50 页本和 100 页本两种基本规格。野簿的内封皮是责任栏目，每一本野簿在开始使用前都应按要求明确无误地填写内封皮上的各个栏目。既明确使用者的责任，同时也是为查找提供方便。野簿的 1、2 页为目录页，目录页通常可随着野外工作的进展，边记录，边编写目录，也可以在该野薄使用完毕后一次性编写。野簿的 3～50 页或者 100 页为记录页。簿尾附有常用三角函数表、常用计算公式和倾角换算表。文字描述页有四个功能区：

（1）页眉区：位于文字描述页上方，专用于记录工作当日地点、日期和天气情况。

（2）左批注栏：位于文字描述页左侧的竖直通栏，常用于编录当日目录或注释。

（3）文字记录栏：位于文字描述页中部，记录描述性正文。

（4）右批注栏：位于文字描述的右侧，专用于补充、修改或更正描述正文之用。

方格坐标纸页用于野外绘制各种图件，用以配合、补充文字描述，可以更客观全面地反映观察到的地质现象。

野外记录簿要求用"2H"铅笔书写。在野外记录过程中，必须先仔细观察，再作记录，做到边观察、边测量、边记录。少记或者回到室内后凭印象补记，或者不用铅笔记录都是不符合要求的。

2. 野外编录

野外地质调查工作涉及的范围大，工作时间也较长。因此在一个野外地质项目开始之初，应当首先制订完善的野外地质编录规划和野外地质编码分配方案，以保证全部野外地质记录的完整、清晰、有序，避免因事后发现野外原始记录编录的混乱而出现不应有的损失。

在野外地质工作中，需要进行统一编录的类别很多，比较常用的类别有野外作业种类编录（如路线、地质点、剖面等），采集标本类（如化石、岩石、矿物等），分析样品类（如岩石薄片样、光片样、、化学分析样、重砂样等）。

目前野外地质工作还没有统一的野外地质编录规范，但部分野外作业的编录方式在地质行业中已经成为了一种约定俗成的习惯，如编码代号一般为编码名称首字的汉语拼音中第一个字母的大写，或该编码名称的英文单词的第一个字符的大写，以阿拉伯数字或罗马字符的大写数字为序号。如两个编码代号的首字为相同拼音字母时，由应将编码名称首字的汉语拼音中第二字母的小写字母附加在大写字符之后。如地质点的编码代号可为"D/No"，地质剖面的编码代号规定可为"P"，化学分析样的编码代号为"Ha"，重砂分析样的编码代号可为"Zh"。

3. 文字记录格式

野簿上的文字记录是野外地质工作记录的原始资料，它不仅是野外地质调查工作人员使用者本人要经常查阅的基础资料，同时也是地质工作一切结论的最原始的证据。因此，野外地质记录在野外工作结束乃至在野簿归档以后还会继续提供给他人审阅或查对，野簿的记录一定要遵循一定的格式，使之规范化。现将常用的野外记录格式简要介绍如下：

（1）文字记录开启部分：

① 每天的野外作业开始前应在当日记录的首页的页眉区填写当日的日期、天气及作业地点。

② 在文字描述区第一行依次写明路线号、路线编码号、路线或剖面名称。

③ 另起一行写明路线或剖面经过的主要地点，注意在这里所列举的地点一般应当是地形图上已经被标出地名的地点。

④ 另起一行写明参与当日工作的人员，明确责任。

⑤ 另起一行记录当日野外作业的任务。

（2）定点描述内容。观察点是野外进行详细观察的地点。通常选择在重要地质界线的出露点，如地层、构造、地貌等界线的出露点。利用地形、地物或后方交会法在地形图上确定地质点的位置，并用直径 2 mm 的小圆圈清晰地标注在地形图上，同时将地质点序号标注在小圆圈旁边。完成以上工作程序后即可进行以下文字描述操作：

　　① 地质点编号：另起一行在行内居中画一个长方形框，在框内记录地质点号。

　　② 点位：另起一行简述确定该地质点的依据。

　　③ 定义：另起一行简述定点观察的地质意义。

　　④ 观察内容：另起一行首先将沿途所观察到的各种地质现象及其变化客观、准确、清楚地记录在野簿上，然后记录本点所见各种地质。

　　（3）各类数据格式。野簿记录规定：各类实测的产状数据和野外发现的生物化石名称都必须另起一行单独记录。采集的各类标本的编号可单独记录一行，也可在右侧的批注栏内。

　　（4）补充与修正。野外地质记录在离开记录的地质点后，记录正文是不能涂改的。如若在后的室内研究中有新的资料需要对野外记录给予补充或修正时，补充或修正的内容可批注在左侧或右侧的批注栏内。野外地质观察记录表可参考表 6.1。

表 6.1　野外地质观察记录表

路线从＿＿＿至＿＿＿目的＿＿＿记录者＿＿＿填图日期＿＿年＿＿月＿＿日 天气＿＿＿第＿＿页

位　　置				野　外　描　述
点号	X 坐标	Y 坐标	高程	
1				
2				
⋮				

（二）地质素描图及绘图技巧

　　野外地质现象具有鲜明的个性，复杂的地质作用使得在野外几乎找不到两个几何形状完全一致的野外地质现象。地质现象的几何形状是不可能通过"文字描述—阅读—理解—重新绘制"这样简单的程序克隆出来的，只能通过实地照相或绘画的方式才能记录下来。因此，在野外地质作业时，为了清晰、形象地把观察到的地质现象表示出来，常常采用照相、摄像或绘制各种图件来补充描述。野外绘制的图件，因为受到条件的限制，通常是用铅笔绘制再现地质现象的图像，所以被称为"地质素描图"。

　　地质素描图与照相、摄像有明显的区别，照相、摄像反映地质现象的优越性在于真实，但照片无法实现地质现象主体图形的有效提取。地质素描图与照相不同，它可以通过使用一些特定的符号和代号分别实现有效地质信息的提取。因此，地质素描图较之照片能够起到简洁、直观、明了、形象地描述地质现象的作用，是照片所不能替代的。地质素描图的种类有很多，比较常用的种类有景观素描图、断面素描图、结构或构造示意图、平面示意图和信手地质剖面图等。无论何种素描图，都必须具备以下内容：图名、比例尺、方位、图例和绘制地质内容的图形、作者、时间等主要部分。要求图面内容正确、结构合理、线条均匀清晰、整洁美观。地质素描图的图面布局比较灵活，应以主题突出、结构合理美观为主，不必拘泥于一种固定的格式。现将作图的基本技巧简单介绍如下：

1. 绘图步骤

取景：取景的作用是协助提取地质现象，引导正确的布局。对于初学者，取景还可以帮助他们正确地把地质现象变化的要点投影到坐标方格纸上。野外作业随身携带的可以作为取景器的工具很多，如直尺、卷尺、铅笔、地质锤和手等都可以方便地用来做取景器。

测量方位：用罗盘的长边平行于所绘画面主体地质现象或地貌的延伸方向即可量出素描图的方位。

绘图：地质素描图规定应绘制在坐标方格纸上。绘图之前应根据绘制地质现象的复杂程度确定图面的大小，一般原则是在清楚、美观地表达全部地质内容的前提下尽可能地确定一个相对小的合适的图面范围。初学者可能比较难以掌握，但是只要多练习就会熟能生巧。地质素描图可以是有框素描图，也可以是无框素描图，或半框素描图，采取何种形式以绘制人的审美情趣而定，并无定式。为了能够简便易行地获取一份素描图，建议采取如下程序：

（1）根据取景把地质现象变化的要点投影到坐标方格纸上；

（2）连接相关要点绘图形轮廓；

（3）重点表示需要突出的地质现象的点或线；

（4）填绘特定的符号和代号；

（5）图面修饰，使素描图更清晰美观；

（6）估算比例尺、标出方位、图名、图例和地物名称。

选择合适的地方书写图名和绘制图例：一个完整的图名应冠以素描图所在地的县/市、乡/镇、行政村和地形地物名称，便于他人查对和使用。

估算比例尺：地质素描图通常不能在事先确定比例尺的情况下绘制，它的比例尺是在素描图绘制完成后根据图面大小与露头的实际大小估算出来的。估算的方法大致有两种：第一种方法适合于可以用尺子直接度量的小型露头，可根据丈量所绘现象某部位的长度与图形中相应部位所占坐标方格纸的多少直接换算出素描图的比例尺。第二种方法适合于不可能直接迅速丈量的大型地质现象出露区，其方法是首先在地形图上将所绘素描图的位置，用直尺根据方位截取所绘现象某位的长度，按照地形图的比例尺换算出实际长度，再与素描图中相应部位所占坐标方格纸的多少比较换算出素描图的比例尺。

2. 地质素描图类型

断面素描图：断面素描图是以特定的符号和代号为主要构件的一种相对简约的地质素描图。这类图件比较适合于绘图基础相对较弱的作图者。制作这类图件的原则是把所要表达的地质现象水平投影到平行于素描图方位的理想铅垂面上。制作时只要把相邻地质体的界线勾绘清晰，充填上特定的符号和代号，估算出比例尺，标出方位、图名、图例和地物名称即可完成。断面素描图简洁明了、重点突出、无干扰因素且简便易行，在地质素描图中，是应用最广泛的一类。

景观素描图：以铅笔线条为主要表现手法画出相邻地质体的三度空间关系的地质素描图称为景观素描图。景观素描图具有明显的立体感，与绘画的地质体有较好的镜像关系，便于识别：它比较适合于宏观地质现象的素描图制作。绘制景观素描图的难度相对于断面素描图要大得多，需要由简到繁，循序渐进。只要多加练习就能取得理想的效果。

平面示意图：平面示意图是把地质现象垂直投影到水平面而绘制的素描图。平面示意图的做法比较简单，首先按需要表达的地质内容选取绘图范围，根据要表达的地质内容的复杂程度确定图面相对大小，用取景方法正确地把地质现象变化的要点投影到坐标方格纸上；然后连接相关接点勾绘地质界线，填绘特定的符号和代号或注释，估算比例尺、标出方位、图名、图例和地物名称即可完成。

信手地质剖面图：信手地质剖面是把路线地质观察收集到的地层、构造及地层接触关系等地质现象实事求是地反映在地形图上构成的图件。由于剖面图上表达地质内容的相对距离根据目估、步测或图切度量的方法获取，非实地测量数据，故称为信手剖面图。信手地质剖面图中的地质内容必须真实可靠，可以适度地简化复杂的地质现象，突出主体内容，删除次要信息使图面地质内容更清晰明确，但不可虚构，更不能画蛇添足。

信手地质剖面图的制作步骤如下：

（1）在地形图上读出预定的地质路线，按照设定的比例尺在野外记录簿方格纸上作出图切地形剖面，作为野外观察和修正的基础图形。

（2）根据沿途观察胶步测或目测按比例尺标出地层界线、断层和重要地质界线的分界点。根据剖面图方位和产状用量角器画出地层、断层和其他需要表示的地质界线，界线长一般为 1.5～2.0 cm。

（3）平行地层界线填绘地层的岩性花纹（长度一般为 1.5～2.0 cm）、岩层序号和地层代号。

（4）将测量的产状和采集的标本标注在剖面图上与测量或采集地点相对应的位置。

（5）标注比例尺、剖面图方位、图名、图例和地物名称。

（三）室内整理

野外收集的原始记录在回到住地或学校以后应当及时进行室内整理。室内整理的任务是补充因为天气的突然变化没有来得及记录的部分内容，查找是否有漏记、错记，及时补充或修正。注意室内整理时补充、修正的记录只能记在左侧或右侧的批注栏内，并注明"补充"或"修正"等字，避免与描述正文混淆。室内整理的另一项工作就是要把野簿上记录的产状、标本、岩层厚度等数据记录和地质素描图全部上墨。上墨的方法是用绘图笔沾绘图墨水或碳素墨水笔按野外的铅笔线条逐一填写或色绘，以便永久保存。

第二节　地质野外调查技术方法

一、野外地质记录

（一）记录的要求

（1）详细，包括地质内容和具体地点两方面，应较详细地记录下来。将所看到的地质现象以及对这些现象的分析、推理、判断、预测等，尽量做到毫无遗漏地记录下来。同时还必须标明是什么地方看到，要有详细的说明，以便在日后经过长的时间还能根据记录寻找到该地质点。

（2）客观，将看到的地质现象进行如实的反映，不能主观随意夸大、缩小或歪曲。但是，允许在记录中表示出对地质现象进行的初步判断、分析。将对地质现象进行的初步判断、分析记录下来有助于提高观察的预见性，促进对问题的认识和深化。野外记录的过程并不是简单的机械抄录，更主要的是对客观事物规律的探索过程。在记录中应注意，将客观实际情况与主观判断、分析的内容分开，二者不能混淆以至日后无法分辨。

（3）工整，野外记录要求清晰、美观、文字通顺，这是衡量一个野外记录好坏的重要标准之一。因此要求记录者有较强的综合素质，其中就包括实地观察能力、文字表达能力等。

（4）图文并茂，野外记录同样要求画出相应的插图。有些地质现象难以用文字表述清楚的，必须辅以相应的插图。例如岩石的结构、构造，褶皱、断裂、节理、裂隙以及接触关系、矿化特征、内外动力现象等。能用插图表示的现象应尽量用插图表示，好的图件其价值大大超过单纯的文字叙述。

（二）记录的类型和方式

记录大致可以归为两种，即专题研究性的记录和综合性地质观察的记录。专题研究性的记录用于观察某一特定的地区或某一特定的地质问题，例如针对某种地层、某种岩石、某种矿床、某种构造、某种沉积现象等进行的研究，记录方式应根据研究的内容而定。因而其记录的格式应根据需要而定，不受任何规格限制。

综合性地质观察的记录应用于对某一地区进行的全面性、综合性的地质调查，例如进行区域地质调查、或基本地质观察等。记录的内容包括：工作日的日期、天气；工作区的地名及行政区划；野外观察路线；观察点的编号；观察点的位置（包括附近标志物的位置、周围的地形地貌特征等，应尽量详细）；说明观察的目的；详细记录观察的地质地貌现象；沿途观察情况；绘制各种素描图及剖面图；线路小结等。以上各项记录应逐项分段记述。其中地质地貌现象的观察记录是记录中的重要内容，应包括以下几方面：岩石或岩层的名称及岩性特征（岩石的颜色、矿物组成、结构、构造等）；岩层或岩体形成的时代；岩层沿垂直方向上的变化及相邻地层间的接触关系；岩层或岩体的产状；岩层或岩体的褶皱状况（包括构造部位的判断）；岩层中节理的发育状况、性质、密集度、产状、规律性；岩石破碎情况；断层存在与否及其性质、证据、产状；地貌情况与其他外动力地质作用现象；标本或影像的编号、记录等，具体记录本可参考表 6.2。

表 6.2　野外地质记录表

年＿＿＿月＿＿＿日　星期＿＿＿＿＿＿天气＿＿＿＿＿＿地点＿＿＿＿＿＿路线＿＿＿＿＿＿＿＿

小组＿＿＿＿＿＿＿＿＿＿　记录人＿＿＿＿＿＿

位　置	001（观察点编号）	附图标本
	大地名+小地名	图 1
	1. 观察小地名+具体岩层或地质构造类型（以下为描述内容）	
内　容	地层：	标本号 影像号
	岩性：	
	厚度：	
	产状：	
	接触关系：（包括上覆地层、下伏地层等）	
⋮		

二、地质标本采集

（一）地质标本采集的目的和意义

地质工作分野外调查和室内研究两大部分。野外广阔的岩石露头给我们展示了丰富的地质现象，然而很多地质现象需要进行室内研究，才能更深入地弄清地质过程的实质。同时，许多地质现象在野外难以进行详细的描述或需要用实物进行说明。因此，野外标本的采集成为连接野外调查和室内研究的极为重要的一个中间环节，以便在室内进行进一步分析、补充说明、研究剖面或进行地层对比。能否采集到新鲜的具有代表性的标本是下一步室内研究能否取得准确结果的重要前提条件，特别是测试结果。究其原因，除仪器等测试误差外，标本新鲜度和代表性上的差异往往是造成测试结果差异的主要原因。

野外工作期间，由于受到时间、条件、野外作业人员知识水平的限制，尚有许多地质现象在野外用肉眼是观察不到的，或是受知识能力的局限还需室内深入研究的现象，或者是在野外发现的、重要的、经典的或珍贵的地质现象和地质作用的产物（如奇异的岩石、绚丽的晶体、保存完整的古生物化石等）都应尽可能采集成标本，供室内分析鉴定或公开展示。标本和样品主要有以下几种：岩石和矿物标本、化石标本、有用矿产标本、其他标本或样品。

（二）标本种类和合适样本的选择

地质标本种类多样，按研究目的的不同分为观赏性标本和鉴定分析性标本。观赏性标本的目的是展示肉眼可见的代表性岩石、矿物、化石及构造等地质现象。鉴定分析性标本的目的是为了下一步室内的进一步研究、鉴定或分析测试。

野外标本采集有二个原则：

（1）用于室内鉴定分析用标本，则强调采集标本的代表性，并一定是从新鲜的、未风化的地质体上敲打下来的，个别有特殊要求的除外。

（2）对于在野外发现的、重要的、经典的或珍贵的地质现象和地质作用产物作标本，采集作业时则要求完整性。

由于研究目的的不同，标本的选择和要求也有所不同。观赏性标本的选择一般较容易把握，只要把最具观赏性的部分采下即可，而鉴定分析性标本的采集则需要用一定的分析和取舍。

用作鉴定的化石标本的选择较简单，一般选择尽可能完整的标本即可。但需要注意的是，化石标本尽可能多采，因为单一化石有时在确定地层年代时精度不够，更多的化石种类为确定地层时代提供了多方面的参考。另外，多门类化石也有利于地层的古生态研究。

岩石薄片标本的选择要注意二个方面，一是新鲜度，二是代表性。岩石表面遭受风化的程度往往较深，很多矿物和结构构造都遭受不同程度的变化，因此要尽量避开。另外，同一层位岩石或同一岩体在不同部位其矿物组成和结构构造上多少存在一些差异，因此必须选择最能代表岩石整体特征的部位采样。

（三）野外采集地质标本的基本方法

一般标本采集使用地质锤，有些情况下则必须借助于钢钎，甚至便携式切割机。标本的采集一定要选择合适的打击面，否则不但打不下标本，还容易使标本遭受破坏。另外，无论是观赏性标本还是鉴定分析性标本，采集前均应对其产出状态、产出层位进行野外描述和记录。必要时进行照相或素描，以免采集过程中因遭到破坏而使有些现象无法恢复。

一般岩石标本采集没有特殊的讲究，只要能采下来即可。化石标本采集时有所不同，应尽可能地沿层理面用力敲打和剥离。因为古生物死亡后一般沿层理面保存，尤其是地层顶底面位置往往是化石保存最多的地方，需特别注意。

（四）标本规格、原始数据记录、标本包装和运输

标本的规格也因研究目的的不同而不同。观赏性标本因观察现象规模大小不同，其规格可相差很大。化石标本也没有确定的规格，以尽可量完整为原则，但也最好附带一些围岩。岩石薄片标本的传统规格为高（3 cm）×宽（6 cm）×长（9 cm）。尽管在实际采集时这种规格不易把握，但应注意所采的标本尽量接近一小的长方体。长方体的厚度一般要3 cm以上，这样在室内容易切片。其他标本也均应有一定的厚度，不能太薄，否则在搬运途中很容易破碎而前功尽弃。

在测制地层剖面时，规范要求按野外地层分层进行逐层采集。采集的标本应当立即按规定的编码和分配序号进行现场编号，并用记号笔将编号写在标本上，或先在标本上贴上1 cm宽的胶条，再用圆珠笔把编号写在胶布条上。作业簿上另起一行或在右批注栏相应的部位登记标本编号，填写样品采集单（标本）。

标本采集好后，均应用记号笔对其编号。编号常常按地名拼音的首字母开头后跟标本顺序号，也有人用日期后跟标本顺序号。不管哪一种编号方式，标本上的编号均应在野簿上作相应的记录。标本的包装应以保证标本完好无损为前提。包装纸应采用具有韧性和柔软的棉纸。包装时应先把样品采集单折叠成小条，用包装纸卷1~2层，然后再包住标本，这样标本和标本采集就跟随在一起了。

标本采集回后，在基地还需进行室内整理，整理内容包括标本的右上角涂上漆，协商编号，进行标本登记，内容为岩石名称、用途、采集地点、所属时代、采集时间、采集人等。完成上述工作后即可再次包装分类装箱。包好后的标本要进行装箱托运。装箱最好用木箱，若用纸箱，由每箱标本不宜太重，以免箱子散架。装箱地要使每箱标本均填实，尽量减少空隙，以免晃动磨损。

三、常见岩石和矿物的野外鉴定方法

（一）常见岩石野外鉴定方法

自然界出露的岩石按其成因可分三类：沉积岩、岩浆岩和变质岩，它们是组成地壳的主要岩石类型，是各种地质作用发生的物质基础。每一种类可进一步细分不同的岩石类型，具有不同的岩石学名称（见表6.3）。如何在野外正确识别这些常见的岩石类型，是地质工作人员野外调查的基本技能。

表6.3　常见岩石类型

沉积岩		岩浆岩		变质岩	
碎屑岩	砾岩、砂岩、泥岩、页岩	喷出岩	玄武岩、安山岩、流纹岩	区域变质岩	板岩、千枚岩、片岩、片麻岩
化学沉积岩	灰岩、白云岩、硅质岩	浅成岩	辉绿岩、安山岩、花岗斑岩	接触变质岩	大理岩、角岩
生物沉积岩	生物碎屑岩	深成岩	橄榄岩、辉长岩、闪长岩、花岗岩	动力变质岩	断层角砾岩、碎裂岩、糜棱岩

1. 野外岩石的观察鉴定步骤

在野外依据肉眼对岩石进行分类和鉴定，除了在野外要充分考虑其产状特征外，在室内对手标本的观察上，最关键的是要抓住它的结构、构造、矿物组成等特征。具体步骤可为：

（1）首先观察岩石的构造。因为构造从外貌上反映了它的成因类型：如具气孔、杏仁、流纹构造形态时，一定属于火成岩的喷出岩类；具有层理构造以及层面构造时，是沉积岩类；具板状、千枚状、片状或片麻状构造时，属于变质岩类。

三大类岩石的构造中，都有"块状构造"。比如火成岩中的石英斑岩，沉积岩中的石英砂岩，变质岩中的石英岩，表面上似难区分。此时应结合岩石结构特征的观察进行分析：石英斑岩具火成岩的斑状结晶结构，其中的石英斑晶与基质矿物间呈结晶联结；而石英砂岩具有沉积岩的碎屑结构，碎屑之间呈胶结联结；另外，岩石中的石英颗粒本身也有显著差异——石英斑岩中的石英斑晶具有一定的结晶外形，呈棱柱状或粒状；石英砂岩中的石英颗粒则呈浑圆状，玻璃光泽已经消失，用锤击或小刀刻划岩石中胶结不牢的部位时，可以看到石英颗粒与胶结物分离后在胶结物上留下的小凹坑。经过重结晶变质作用形成的石英岩，则往往呈致密状，肉眼分辨不出石英颗粒，且石质坚硬、性脆。

（2）对岩石结构的深入观察，可以对岩石进行进一步的分类。如火成岩中的深成侵入岩类多呈全晶质、显晶质、等粒状结构；而浅成侵入岩类则常呈斑状结晶结构。沉积岩中的碎屑岩、黏土岩、生物化学岩（如砾岩、砂岩、页岩、石灰岩等）的区分，主要是根据组成物质颗粒的大小，成分及其联结方式。

（3）岩石的矿物组成和化学成分的分析，对岩石的命名和分类也是不可缺少的，特别与火成岩的命名关系尤为密切。如斑岩和玢岩，同属火成岩中的浅成岩类，其主要区别在于矿物成分。斑岩中的斑晶矿物主要是正长石和石英，玢岩中的斑晶矿物主要是斜长石和黑色矿物。沉积岩中的次生矿物如方解石、白云石、高岭石、石膏、褐铁矿等不可能存在于新鲜的火成岩中。变质矿物如绿泥石、滑石、石棉、石榴子石、红柱石等，则为变质岩所特有。因此，根据某些矿物成分的分析，也可以初步判定岩石的类别。

（4）在岩石命名方面，如果由多种矿物成分组成，则以含量最多的矿物与岩石的基本名称紧紧相连，其他较次要的矿物，按含量多少依次向左排列，如"角闪斜长片麻岩"，说明其矿物组成是以斜长石为主，并有相当数量的角闪石，其他火成岩、沉积岩的多元命名含意也是如此。

（5）最后应注意的是在肉眼鉴定岩石标本时，常常有许多矿物成分难于辨认。如具隐晶质结构或玻璃质结构的火成岩，泥质或化学结构的沉积岩，以及部分变质岩，由结晶细微或非结晶的物质成分组成，一般只能根据颜色深浅、坚硬性、比重大小和"盐酸反应"等进行初步的判断。火成岩中深色成分为主的，常为基性岩类，浅色成分为主的常为酸性岩类。沉积岩中较坚硬的多为硅质胶结的或硅质成分的岩石，比重大的为含铁质多的岩石，具有"盐酸反应"的一定是碳酸盐类岩石等。

2. 野外如何用肉眼识别三大类岩石

在固体地球表面，岩石是构成地貌、形成土壤的物质基础，也是地球上生命赖以生存的物质基础。根据成因不同，可将岩石分为岩浆岩、沉积岩和变质岩三大类。在野外，可以根据岩石的外观特征如颜色、结构（组成岩石的矿物的结晶程度、晶粒大小、晶体形状及矿物之间结合关系等）、构造（组成岩石的矿物集合体的大小、形状、排列和空间分布等）以及粒度（指碎屑颗粒的大小）、圆度（指碎屑颗粒的棱角被磨蚀圆化的程度）、球度（碎屑颗粒接近球体的程度）等用肉眼判断是哪一类岩石。

1）岩浆岩

岩浆岩是岩浆活动的产物。地下深处的岩浆，在巨大内压力的作用下，沿着地壳薄弱地带侵入地壳上部或直接喷出地表冷凝而成的岩石。其主要识别标志：

（1）岩浆岩中喷出岩附近保存有明显的火山活动痕迹，如，火山口、火山锥、熔岩流和柱状节理等；侵入岩常被其他岩石所包围。

（2）岩浆岩的结构反映了岩浆结晶的特点。侵入岩中的各种矿物结晶良好，属全晶质结构，如花岗岩等；喷出岩是隐晶质或玻璃质，有的似煤渣状，用肉眼分不出其中的矿物成分。

（3）岩浆岩中的矿物或矿物集合体在空间排列及填充方式上有如下特点：

① 岩石中矿物颗粒的排列不显示方向性，而呈均匀分布。

② 岩石无论在颜色上还是在粒度上，都是不均匀的，从整块岩石来看，显得斑斑块块，杂乱无章。

③ 有熔岩流动的痕迹，例如，不同颜色的条纹和拉长的气孔。

④ 有由挥发成分逸散后留下的孔洞。这种构造往往为喷出岩所具有。

⑤ 有气孔被后来的次生矿物所充填而形成的杏仁状构造。

（4）除火山碎屑外，岩浆岩不具备层理构造，不含化石。

2）沉积岩

沉积岩是在地壳表面常温常压下，由风化、侵蚀、搬运、沉积和固结成岩等作用形成。主要识别标志如下。

（1）沉积岩的颜色、成分和结构表现出明显的层状结构，不同的岩层叠置在一起好像一部巨厚的"书"。因此，层理构造是沉积岩最重要的构造特征之一，也是区别于岩浆岩和变质岩的最重要的标志。

（2）沉积岩除层理构造外，它的层面上经常保留有自然作用产生的一些痕迹，它经常标志着岩层的特性，并反映沉积岩的形成环境。

① 波痕，是由风、流水和波浪作用在层面上留下的一种波状起伏痕迹。

② 泥裂，又叫龟裂，指在黏土质或砂质沉积岩表面，由于干燥收缩而形成的不规则的多边形裂纹。

③ 雨痕，雨滴打击未固结的细粒沉积物表面所留下的痕迹。但比较少见。

（3）沉积岩的结构：

① 碎屑岩结构，特点是岩石可分为碎屑和胶结物二部分。

② 泥质结构，多为黏土矿物形成的结构。

③ 化学结构，是通过化学溶液沉淀结晶而成。

④ 生物结构，由生物遗体或碎片组成，如介壳结构等。

（4）生物遗迹：指岩层中含有古代动物和植物的遗迹或遗骸，即化石。这是沉积岩的重要特征。但不是所有的沉积岩都具有的特征。

3）变质岩

地壳中已生成的岩石，在岩浆活动、地壳运动产生的高温、高压条件下，使得原来岩石的成分、性质发生改变，由此形成的岩石称为变质岩。变质岩以其特有的变质矿物、结构和构造区别于岩浆岩和沉积岩。

（1）变质岩的矿物

变质岩中含有仅在变质作用下才能形成的变质矿物，最常见的具有特征性的变质矿物有：滑石、石墨、红柱石、石榴子石、蓝闪石、绢云母、绿泥石、阳起石等。

（2）变质岩的结构

① 变晶结构，在变质过程中矿物重新结晶所形成的结构。最常见的变晶结构有 3 类：第一类是等粒变晶结构，矿物晶粒大小大致相等，互相镶嵌很紧，不具定向排列。如大理岩、石英岩等。第二类是斑状变晶结构，与岩浆岩的斑状结构相似，在细粒的基质上分布着一些大的晶体——变斑晶，如某些片麻岩和片岩常具有这种结构。第三类是鳞片状变晶结构，片状矿物（云母、绿泥石等）定向排列，如各种片岩。

② 变余结构，由于重结晶作用不彻底，原岩的矿物成分和结构特征可以被保留下来，称为变余结构，也称残余结构。此外，还有压碎结构、交代结构等。

（3）变质岩的构造

变质岩中最常见的片理构造也是鉴别某些变质岩的重要根据。岩石中片状、板状和柱状矿物，在压力作用下呈平行排列的现象叫片理构造。具体可分为如下几类：

① 板状构造，岩石易剥成板状，破裂面光滑平整，肉眼难以分辨矿物颗粒。

② 千枚状构造，在岩石的破裂面上可看到强烈的丝绢光泽和皱纹。

③ 片状构造，岩石中大量片状矿物和粒状矿物都呈平行排列，构成较薄而清晰的片理。

综上所述，在野外用肉眼识别三大类岩石，必须从理论上熟练掌握三大类岩石的基本特征。与此同时，要在教师的指导下深入研究三大类岩石的标本。在此基础上，广泛开展对学校及居住区周边环境中岩石类型的调查，实践出真知，实践长才干。

（二）野外常见矿物鉴定方法

矿物的野外鉴定是寻找有用矿产和识别岩石的不可缺少的基本技术。矿物的野外鉴定主要是根据矿物的条痕、颜色、硬度及解理等外表特征，先按矿物的条痕（即矿物粉末的颜色）划分大类，然后在每一类中或以颜色、或以硬度再进行划分，更次一级划分的根据则视矿物的特征而定。现对条痕、颜色、解理等特征观察时应注意的一些问题作简要的说明。

1. 条　痕

条痕即矿物粉末的颜色。对于硬度不大的矿物，在瓷板上划出粉末后，即可观察其条痕色。如遇到矿物硬度较大（如在 6、7 以上）或无瓷板时，可把矿物轧成粉末，在白纸上观察其颜色即可。

矿物的条痕与透明度、光泽有相互的关系：条痕为无色或白色者，为透明矿物，多数属玻璃光泽，少部分属金刚光泽；条痕为黑色者，为不透明矿物，多数属金属光泽，少部分属半金属光泽；条痕为彩色（浅彩或深彩色）者，多数为半透明矿物，属金刚或半金属光泽。所以正确观察条痕的颜色对于判断矿物的光泽及透明度均会有所帮助。

因为矿物的条痕比较稳定，也比较容易准确描述，而矿物的光泽常常可能因受到某些因素的影响（如矿物表面风化作用，矿物由细小单体聚合而成等）而变暗，不易统一描述，所以通常首先采用条痕作划分大类的根据。

有些呈强金属光泽的矿物（如自然金、自然银、自然铜等），因它们均具良好的延展性，所以在瓷板上划条痕时不易立刻划出它们的粉末，而是呈薄片附在瓷板上，故观察者看到的只是它们的薄片颜色，并非粉末的颜色（如自然金呈金黄色，自然铜呈铜黄色，自然银呈银白色等），如果把这些薄片再继续摩擦几下，则立即能呈现黑色粉末。有时还可用"摩擦条痕"，就是把条痕再用干净的玻璃棒或瓷板等继续摩擦几下，这样可使粉末更细，此时某些矿物的条痕色要发生变化，借此有助于区别某些相似矿物（如石墨与辉钼矿；辉锑矿与辉铋矿等）。

2. 颜　色

这里只着重说明具金属光泽的（包括部分半金属光泽）矿物颜色描述时应注意的事项。具金属光泽的矿物，其颜色的描述常常同时体现出其金属光泽的特征。如银白色、锡白色、铅灰色、钢灰色、铁黑色，这就是指具金属光泽的白色（银白色比锡白色更浅一些）、灰色（铅灰色比钢灰色更浅一些）、黑色；又如金黄色、铜红色，也就是指具金属光泽的黄色（像金子那样的颜色）、红色（像铜那样的红色）。所以对于金刚光泽或玻璃光泽的矿物，就不采用上述的描述方法了。

3. 解　理

解理系矿物受外力打击后沿着一定结晶方向裂成平面的能力。因此只有结晶物质才有可能出现解理，非晶质不可能出现解理。矿物的解理必须在其单个晶体上进行观察，故遇单个晶体很细小时，肉眼就难以看出它的解理是否存在。

解理面的特点是，它严格平行某结晶方向，平整，闪亮，在解理面上可出现解理纹，这些解理纹也严格平行某结晶方向，并为多数呈阶梯状的裂缝。肉眼观察矿物解理时，首先要解决的是有无解理；如有解理，则需进一步观察其解理等级、组数及夹角。

（1）有无解理是比较容易判断的。在野外采集到矿石或岩石标本时，可将其新鲜的破碎面对着阳光转动，看欲鉴定的同种矿物，在其许多单体上有无闪亮而平整的面。如一块标本还不能立即确定，可多观察一些标本，如果都能看到这些平面，则该矿物必定有解理。如果很难见到平面、或偶尔出现一个平面，则很大可能是无解理。

（2）解理的等级，通俗说就是解理的好坏，也即解理出现的难易程度。一般分为极完全、完全、中等、不完全及极不完全 5 个等级。前 3 个等级的解理，一般用肉眼均能见到，不完全解理肉眼难以见到，极不完全解理就是无解理，所以后 2 个等级均可视为无解理。

判断解理等级应该从获得解理的难易程度及解理面的平整程度两个方面去观察分析。如果用力打击矿物时，在任何方向敲打，均能极容易地沿一定方向裂成薄片，解理面平整而光滑，此即为极完全解理。如果用力在任何方向打击时，很容易地沿一定方向裂成平面，但不能剥成薄片，则为完全解理。如果用力打击后，不太容易裂成平整的面，只是当所用力的方向接近于该矿物的解理方向时，则解理面可以较平整，此为中等解理。对于不完全解理，一般情况下打击后均不出现平面，只有当某些特殊情况下才可出现较平整的面，但这种机会是很少的。所以对于不完全解理就可认为无解理。

极完全、完全、中等三级解理，对矿物的鉴定具有重要意义，因为矿物的解理是很稳定的物理性质。同时，由于它是严格受内部结晶构造所控制，所以它的方向性也是很明显的。有的矿物只有一个方向的解理（称为一组解理），有些矿物则有二、三、四甚至更多方向的解理（称为二、三、四组解理），这就决定于该矿物的解理平行那一单形。如云母的解理平行{001}（平行双面）方向，则为一组；方解石平行{101}（菱面体）则为三组；闪锌矿平行{110}（菱形十二面体）则为六组。所以不但要能判断解理的有无、等级，还要会判断解理组数、夹角（具二组以上的解理就有夹角，肉眼判断解理夹角只要求很粗略的判断直角、钝角或锐角等即可）。

判断解理组数必须在同一单体上观察。在一块标本上，首先要认定单个晶体的范围，一般是对着阳光看，闪光一致的范围即为一个单体出露的范围，然后在此范围内观察闪亮而平整的面有几个方向。这也必须在许多块标本上敲打出新鲜面后进行，不能只看了一块标本就下结论。另外解理纹的出现可以帮助确定解理组数。

解理纹的特点是：

① 严格平行一定结晶方向。

② 常呈阶梯状，断续出现。

③ 常常成组出现，不能只出现一条。

④ 因为它是欲裂而未裂成的解理缝，所以用力敲打后就可以沿该裂缝方向裂出解理面。例如方铅矿，在平行立方体{100}方向有三组完全解理，则在{100}解理面上可以看到平行{010}、{001}方向的解理纹，成阶梯状断续出现，同样在{010}、{001}能看到平行{001}及{100}、{100}及{010}之解理纹。

野外鉴别矿物是一件非常重要的基本技能，还可借助小刀、指甲、放大镜和盐酸等基本工具进行判断，需要长期观察、训练和总结。建议学生在野外逐渐养成多观察、多鉴定和多思考的习惯，不断磨炼、不断提高。

（三）雷公山自然保护区常见矿物鉴别特征

板岩：变质岩的一种。按变质岩石的构造分类，有千枚岩、片麻岩、板岩等。板岩是一种浅变质岩。由黏土质、粉砂质沉积岩或中酸性凝灰质岩石、沉凝灰岩经轻微变质作用形成，呈黑色或灰黑色。岩性致密，板状劈理发育。在板面上常有少量绢云母等矿物，使板面微显绢丝光泽。没有明显的重结晶现象。显微镜下可见一些分布不均匀的石英、绢云母、绿泥石等矿物晶粒，但大部分为隐晶质的黏土矿物及炭质、铁质粉末。具变余结构和斑点状构造。常见类型有炭质板岩、钙质板岩、黑色板岩等，也可根据岩石的其他特点，如矿物成分、结构构造等，分为空晶石板岩、斑点状板岩、粉砂质板岩、硅板岩等。板岩广泛分布于区域低温动力变质作用的岩系中，如中国北方早元古宙滹沱群的豆村板岩，南方中晚元古宙的板溪群、昆阳群等内也有大量分布。可作建筑石材。在雷公山自然保护区多分布有绢云母板岩、粉砂质绢云母板岩、含炭质绢云母板岩、钙质绢云母板岩等。

变余砂岩：沉积岩中砂岩在变质岩中由于重结晶作用不完全，仍然保留的原砂岩结构，称之为变余砂岩。在雷公山自然保护区以变余砂岩和变余粉砂岩居多。变余砂岩以深灰色及灰色居多，具有砂岩的结构特征，岩石较坚硬，其中含有以石英为主的碎屑物，以及含有微量锆石、金红石、钛铁矿、磁黄铁矿等矿物质。

变余凝灰岩：是经过浅变质作用的一种火山碎屑岩，其组成的火山碎屑物质有 50%以上的颗粒直径小于 2 mm，其矿物组成以由火山玻璃分解而成的隐晶硅质、鳞片状绢云母为主。

第三节 野外地貌观察内容与方法

地貌调查内容包括地貌观测点的观察与描述（地貌形态的观察与描述、地貌构成物质的观察和描述、地貌类型的组合关系、自然环境与现代地貌过程、调查访问、野外记录），第四纪沉积物剖面的观察与描述（第四纪沉积物分层沉积物的颜色、沉积物的粒度组成与颗粒形态、沉积物的矿物成分与形态、沉积物的层理和构造、化石），相对地貌年龄（沉积物对比法、地貌高程法、相关沉积法、地文期法、风化程度对比、地貌的侵蚀与叠置关系、化石和其他确定地貌年龄的标志）。

一、野外地貌观察内容

（一）地貌观测点的观察与描述

地貌观测点的观察与描述是取得野外调查资料的开始，观察的详细和准确与否，对地貌研究的水平至关重要。从对地貌现象的观察得到的认识、数据及一些基本事实的详细记录，可形成地貌调查的第一手资料。野外地貌观察和描述包括如下内容。

1. 地貌形态的观察与描述

在一个地貌观测点，首先得到的是关于地貌形态的印象。大多数情况下，视野所及范围非常广阔，而要详细观察和描述的地貌对象，往往只是其中的一个点或很小的区域。这时，不要急于去观察地貌点的细节，而应当从大到小、从面到点进行观察。首先要确定视野内有哪几种较大的地貌类型，观察者位于哪种地貌类型中。例如在断陷盆地进行地貌调查，处在盆地当中一个观测点，举目远眺可以看到山地、夷平面、发育有台地的山坡、山麓的洪积扇、盆地平原、河流阶地、沙丘等；进而确定观察者大体处在哪一种地貌类型中，周围其余的地貌类型形成的地貌组合，构成了所要观察的具体地貌体或地貌点的背景。观察者对此有了明确的认识，便可沿着一条清晰的思路和线索，进一步对地貌点进行观察和思索。

地貌观察点经常是一个中等地貌体，如阶地、洪积扇、冰碛垄、沙丘等。对它们的形态，包括地貌体的长度、宽度、高度，主要地貌标志点的高程、坡度等地貌要素，要尽可能全面地观察和描述。还应注意地貌体的起伏变化、叠加的地貌类型，以及地貌体被切割破坏的程度等。一个较大的地貌体往往是由一些次一级地貌类型组合而成的。比如一个低缓的丘陵，可能其顶部保存有古喀斯特的溶蚀洼地，斜坡上保存有古湖滨地带的浪蚀陡崖，陡崖的某些地方被切割，在坡脚形成小型的冲积锥等。所有这些地貌类型出现的部位，主要形态指标都要加以描述和记录。不要忽视任何地貌形态的细节或小的地貌形态，可能一些不引人注意的微地貌形态反映了重要的地貌过程。比如：青海湖南岸的低山山坡被剥蚀得十分光滑，几乎看不到任何异常。但仔细观察，可发现高出湖面 100 多米的山坡上散布着一些浅湖地带形成的碳酸钙沉积物碎块，其中含贝壳化石。原来湖岸的形态已不复存在，但是把山坡发现的这种碳酸钙沉积位置连接起来，其大致在一个平面上，证明这里曾是湖滨地带。

总之，地貌调查必须从形态的观察开始，记录那些最基本的数据，仔细搜索地貌形态的变化和异常，从而提出问题，发现问题，搜索解决问题的证据。

2. 地貌构成物质的观察和描述

地貌调查虽然从地貌形态入手，但根据形态一般只能提出问题，因为许多不同成因的地貌类型都具有相似的形态，确定这些地貌类型的成因必须详细观察和分析地貌构成物质。构成地貌体的物质分为基岩和松散沉积物，大多数地貌体由两者共同组成。

完全由基岩构成的地貌，要观察和记录基岩的产状、岩性、断层、风化面以及它们与地貌体表面之间的关系，并追索这种关系延续的情况。例如野外发现一个石英砂岩形成的陡崖，陡崖下发育一些倒石锥或坡积物，并向外过渡为河流沉积物。陡崖可能由于岩性坚硬造成，也可能由断层形成。这时需要追索陡崖延伸的情况。如果发现陡崖直线延伸，而且在岩性较软的地段同样发育陡崖，便可大体推断该陡崖是断层活动的产物。但还缺乏直接证据，应继续搜寻切过陡崖的冲沟、河流，往往能发现断层面，必要时可在陡崖与松散沉积物接触处挖掘探坑。如果发现断层面、断层泥、断层角砾岩等，便可作为断层存在的直接证据。

地貌体由松散沉积物构成时，需根据沉积物的岩性、结构特征尽可能在野外确定其成因类型。松散沉积物构成的地貌体易于受其他营力的破坏，与刚刚形成时的形态相比，可能已经面目全非了。或者经历了多次侵蚀与堆积的过程，其形态可能仅表现为一个突出的高地或山脊，但其构成物质的剖面却可能非常复杂。这种情况在黄土地区十分普遍，有时一个台地的剖面中可以看到若干侵蚀面，说明了多次侵蚀和堆积的过程。

许多地貌形态是多次破坏、改造、叠加而成的，必须弄清这些沉积物之间的关系，才能正确恢复地貌发育历史。我国西北地区许多现代活动沙丘是晚更新世沙丘重新活动的结果。因此现代沙丘之下往往覆盖着晚更新世古沙丘，可是它们在外表形态上与一般沙丘相同。经过仔细观察可以发现新、老沙丘砂相互叠复的关系，两期风成砂之间有古土壤发育。古土壤层物质颗粒较细，不如风成砂那样松散，颜色较深。古沙丘重新活动过程中，古土壤层不易移动，有时可以在沙丘坡上表现为微小的突起，注意到这种变化即可发现两期沙丘砂相互关系的剖面，从而正确解释该区沙丘发育历史。

有时地貌体是由不同成因的松散物质构成的，可是它们的性状却很相似，稍有疏忽便会误认为它们是同一成因的沉积物构成的，从而得出错误的结论。在黄土地区河谷阶地经常发现这种情况。阶地下部沉积物为河流沉积物，上部堆积了风成黄土，但仍具有阶地的形态。同时，风成黄土与河流堆积形成的次生黄土具有大致相同的结构和颜色，很容易认为它们都是组成阶地的河流沉积物。必须寻找比较新鲜的阶地剖面，才能发现河流沉积与黄土堆积之间的界线，正确测定河流阶地真实的高度，从而恢复该地貌体真实的发育过程。

在侵蚀切割较强的地区，比较容易观察到新鲜剖面。野外工作前，应当通过仔细判读地形图，大致确定哪些地方可能发现较好的露头。寻找能够解释该区地貌发育过程的典型剖面是野外地貌调查最重要的内容。每个观测点发现的松散沉积物都应根据野外岩性观察和结构分析方法，大致确定其成因类型。必要时还需采集样品进行实验室测定。通过两方面的资料确定地貌成因及其演化过程。

3. 地貌类型的组合关系

地貌类型的空间变化、各地貌类型之间的接触关系、组合特点等记录了地貌发育过程许多有价值的信息，是野外地貌观察的重要内容。

地貌类型的组合有两种，一是同一成因系列的地貌类型组合。例如平原河流地貌，其地貌组合包括河床、河漫滩、阶地、天然堤、牛扼湖等。山谷冰川会形成冰斗、冰槽谷、侧碛堤、终碛垄、冰水扇等地貌组合。地貌发育过程简单的地区，各种地貌类型保存较好，地貌类型组合单调。在这样的地区进行地貌调查主要集中于各地貌类型的特征、形态及其构成物质等。有些地区原来的地貌遭到强烈的破坏，同一成因系列的地貌类型只保存了其中很少的部分，后期又经过了较强的风化作用，因此在一个观测点看到的地貌现象，很难判断其成因。庐山地区的地貌现象就是一个典型的例子，关于那里是否存在过第四纪冰川的问题，科学工作者争论了半个多世纪，尚未取得一致意见。在这种类型地区进行地貌调查可以事先拟定一个工作假设，例如先假设庐山地区存在过第四纪冰川，然后根据冰川地貌发育的规律，判断冰川成因系列中各种地貌类型应当在该区出现的位置，进行观察和追索。每一个地貌观测点都可以得到支持工作假设的证据或相反的证据。可对不同观察点看到的地貌现象加以综合，提取最具本质特征的地貌现象，判断其成因，肯定或否定原来的工作假设。

另一种地貌组合是不同成因类型的地貌组合关系。例如山麓地带、湖滨和海岸带的地貌可能是几种地质营力综合作用的结果，其地貌组合关系复杂，地貌形态和沉积物特征是两种营力或更多营力相互作用的结果，缺乏典型性，比较难于识别。靠近山麓的湖滨地带，受洪积作用影响较大，洪积扇和湖滨阶地相重叠，沉积物也具有双重特征。在这种地区工作，可先寻找典型的地貌形态和典型的沉积物剖面；然后，向另一个地质营力作用区追索，便可查明它们之间相互作用的关系。

山麓地带是山地与平原的交界处，它们之间的过渡关系多种多样，可以是陡壁、缓坡，也可能是坡积裙、倒石锥、洪积扇等连接山地与平原两个地貌类型。不同的组合关系反映了不同的地貌发育过程。这种大地貌单元交界地带的地貌组合关系是该区地貌历史的最佳记录，应予以特别的注意。

有些地貌类型之间在空间上没有直接接触关系，由于它们在发育的时间和成因上有某种联系，而在空间组合上存在一定规律性。最明显的例子是水平溶洞与阶地的关系。阶地面代表了河水面相对稳定时期，相应的地下水面也较稳定，两岸石灰岩地区发育的水平溶洞的高度大致与其相同。

地貌组合特征越复杂，它们所记录的地貌发育过程也越复杂。例如在一些湖滨地带，山地与湖泊之间有一个广阔的缓坡地带，缓坡主要由洪积扇组成，它们沿山体走向形成起伏相间的波状平原。某些剖面上可观察到湖相沉积、湖滨砾石被洪积物所覆盖的现象。洪积扇或山麓可发现古湖滨地带的浪蚀陡崖。洪积扇上经常覆盖着现代活动沙丘，洪积物和湖相沉积中常常见到冰楔和融冻褶皱现象。上述这种组合特征在西北内陆湖区是屡见不鲜的。要正确解释这些地貌类型的发育过程，必须详细调查各地貌类型之间相互的叠覆关系、过渡特点、空间分布、组合特征等。

4. 自然环境与现代地貌过程

实际上，目前的自然环境和地貌作用是任何地貌研究的标尺和起点。过去的地貌发育历史是与现在地貌过程相比较而存在的，未来的发展趋势是以目前的状况为基础的。地貌调查中要随时注意观测点周围的自然景观、植被、土壤、水文等自然环境条件，其中包括观测点所处的自然地带、植被类型、植被覆盖程度、土壤类型、土壤发育程度、地下水深度、河水流量、流速、含沙量、湖水矿化度、湖水中的动植物、湖泊周围植被分布和生长特点、地面的风化类型和程度等。这些自然环境特征代表了目前地貌发育的条件，如果过去的地貌类型不可能在目前自然条件下形成，就说明了自然环境的变迁。如北京百花山 1 750 米处发现形成于 2 万年左右的石海等冻土地貌，即证明了当时到现在气候的转暖过程。

现代地貌过程在地貌调查中占有十分重要的地位，特别是专门的地貌调查，如滑坡、泥石流、沙漠化、水土流失、河床演变、水库淤积、海岸冲刷、砂矿勘探等调查任务中，现代地貌过程是重要的调查内容之一。每项现代地貌过程的调查都包括了许多内容。

现代地貌过程的调查目的在于了解危害人类或有利于人类的地貌过程的强度、速度、作用方式、特点等规律，从而预测其危险性及发展趋势，制定防治措施等。

5. 调查、访问

野外调查不仅需要依靠调查者自己的观察和分析，还要借助于向附近群众的调查、访问等。当地群众最熟悉他们所生活的地区，他们长期居住在那里，掌握许多关于当地地貌现象的知识和资料，同时还有许多关于附近地貌事件、地貌发育的历史传说。这些资料能提供进一步调查的线索和某些地貌现象的合理解释。所以当地群众所提供的资料和信息是十分宝贵的。

初次到一个地区进行地貌调查，总会遇到一些没有料到的奇怪现象，它们是以往的知识所不能解释或者因为缺乏感性认识不能与以往知识发生联想和作出判断的，而当地群众可能对这些现象已司空见惯，习以为常，只要向他们询问一下问题便能迎刃而解了。寻找化石地点、旧石器地点或者调查活动断层等更需要向当地群众进行调查访问，必要时可以拿一些实物标本给他们看，询问他们在什么地方曾经见到过类似的东西。许多重要的化石地点、古人类遗址都是通过这种方法发现的。

上述内容是野外地貌调查中在观测点应当观察和搜集的最基础的实际材料，这些材料越丰富、越完全，就越好。很少有现场材料在以后是无用的，经常发生的情况反而是由于野外调查时认为某些材料没有用处而加以忽略，在室内整理、归纳时却发现这些事实与数据对说明地貌现象是非常关键的。可是由于野外调查已经结束，无法弥补而降低了总结的质量。

6. 野外记录

野外观察所见到的剖面、地貌现象、测量数据要详细地记录下来，这样才能真正取得第一手资料。记录的方式有野外记录本的文字描述、绘制剖面图、素描图、照相、录像、填图等几种。

野外记录本供文字记录和绘制小型剖面图、素描图之用。文字记录包括日期、地点、观测点的具体位置，把上面谈到的在地貌观测点所观察到的内容详细记录下来，这是文字记录的主体，通过观察得到的初步结论、推论也应随时记录下来。野外记录不仅要能供自己以后室内整理和研究之用，还要能被别人使用和参考。因此，记录要清楚、明了，必须做到：测点的位置具体、明确；文字与剖面图、素描图的对应关系要写清楚；描述事实力求准确、简要而又没有遗漏；观测点的编号要统一；必须用硬铅笔（2H 以上）记录，软铅笔、圆珠笔和钢笔的字迹都不能长久地保存。

（二）第四纪沉积物剖面的观察与描述

第四纪沉积物时代最新，它们的地貌形态保存较好，是最重要的地貌构成物质。同时，第四纪沉积物是地貌形成过程的产物，根据第四纪沉积物的性质和成因类型可以判断地貌类型的成因和时代。几乎所有地貌调查中，地貌和第四纪沉积物是不可或缺的两个部分。

1. 第四纪沉积物分层

大多数第四纪沉积物剖面都由岩性和结构不同的层次构成，分层的主要标志有颜色、粒度、层理、结构和侵蚀面等。沉积物的分层代表了不同的沉积环境、沉积相、沉积介质条件或者不同的成因类型。详细描述第四纪沉积物之前，首先要进行比较粗略的宏观的观察和分层，这种分层只要求分出具有明显特征的层组。然后观察和追索各层延伸的情况，判断是否有横向的相变或尖灭现象，还要注意是否存在断层、风化面和侵蚀面。

2. 沉积物的颜色

沉积物各层物质来源、形成环境、物质成分、粒度组成和后期变化的不同，形成它们之间颜色的差异。反过来根据沉积物的颜色也可以判断其物质来源、形成环境和后期变化等。例如非洲撒哈拉沙漠的沙丘砂表面为棕红色，它们被风吹到大西洋中沉积于洋底。于是根据非洲西岸大西洋海底沉积物钻孔岩芯中棕红色砂粒含量的变化，就可恢复过去气候变化的过程。

沉积物的颜色分为原生色和次生色两大类。原生色是由沉积环境、沉积介质、物质来源和成分等条件决定的，比较均匀一致，颜色的横向变化是逐渐过渡的。在同一层内，层理上下不同沉积物的颜色差别较大，一般是季节变化造成的沉积物成分和粒度变化引起的。次生色形成于沉积物后期风化作用或其他次生变化，常呈斑点状或纹带状。风化壳剖面在垂直方向上颜色有明显的变化，但是它们的界线不明显。

沉积物的颜色是沉积环境的重要标志，湖相沉积形成于缺氧的还原环境，一般为灰绿色、灰黑色、黄色。黄土和古土壤形成于地表，氧化条件较好，大多为灰黄色、棕褐色等。用肉眼描述颜色比较粗略，不同观察者对同一沉积物的颜色描述经常存在差别，国际上目前采用"标准土壤色谱"来确定沉积物颜色。方法是取一小块沉积物，用于碾碎后与标准土壤色谱对比，选用最相近的颜色命名该沉积物的颜色名称，它们是用数字和英文字母表示的。例如某种沉积物的颜色为 7.5R6/4，其中 R 代表色调（红色），7.5 是色调的分类。6/4 中，分子表示等级（value），分母表示色差（chroma）。我国也即将出版这种标准色谱。野外调查中根据标准土壤色谱对沉积物颜色进行命名，比较统一和准确。使用色谱时要注意沉积物的干湿程度，要求统一，并注明使用的是干沉积物或是湿沉积物。

3. 沉积物的粒度组成与颗粒形态

沉积物的粒度组成和颗粒形态取决于搬运营力和沉积介质的动力条件，它们记录了沉积环境的许多信息。沉积物粒级分类有许多种，通常采用的粒级分类见表 6.4。

表 6.4　沉积物颗粒的粒度分级表

沉积物	粒级	粒径/mm（十进位）	粒径/mm（常用分类）
砾石	巨砾	>1 000	>1 000
	粗砾	100～1 000	100～1 000
	中砾	10～100	10～100
	细砾	1～10	2～10
	粗砂	0.5～1	0.5～2

续表 6.4

沉积物	粒级	粒径/mm（十进位）	粒径/mm（常用分类）
砾石	中砂	0.25 ~ 0.5	0.25 ~ 0.5
	细砂	0.1 ~ 0.25	0.05 ~ 0.25
粉砂		0.01 ~ 0.1	0.005 ~ 0.05
黏土		＜0.1	＜0.005

沉积物是由不同粒级的颗粒组成的，它们各自所占的百分比需要在实验室测定。野外调查时可把沉积物分为三大类：黏性土、砂和砾石。黏性土包括黏土、亚黏土和亚砂土，它们是沉积介质流动速度小、运动比较平稳时的沉积。砂层包括粗砂层、中细砂层、粉砂层。野外需用放大镜观察，确定其磨圆度、表面形态、矿物成分以及是否有次生矿物等。可采集样品在实验室用扫描电镜进一步观察其表面特征。对砾石层要描述其磨圆度、颗粒组成、岩性组成，并进行砾石测量。

4. 沉积物的矿物成分与形态

第四纪沉积物主要是碎屑沉积，其矿物成分在野外可用放大镜做粗略鉴定。有些第四纪沉积物中含有某些特殊的矿物，它们以夹层、结核或晶体的形式出现，常见的有如下几种：

褐铁矿：常形成于风化壳顶部。

铝土矿：在风化壳中呈块状、鲕状或豆状。

铁锰结核：常见于风化壳和古土壤层中。

钙结核和钙板：它们是沉积后期淋溶、沉淀的结果，也与古地下水面有关。

鲕石：湖水矿化度刚刚开始增高时，湖水中碳酸钙饱和，湖滨地带湖水扰动较大，碳酸钙常以砂粒为核心沉淀下来，形成鲕石。

石膏：干旱区第四纪沉积中石膏层或石膏晶体比较常见。湖水中沉淀的石膏呈粉末状，湖滨地下水与湖水相汇后常形成菱形石膏晶体。石膏晶体在干旱区地表暴露后可变为无水石膏；

石盐：盐湖沉积中往往含石盐晶体，干涸的盐湖可形成石盐层。

上述这些特殊矿物沉积是形成环境的指示性矿物，沉积物剖面观察中要特别予以注意并详细记录。

5. 沉积物的层理和构造

层理表现为具有不同粒度、成分、颜色的薄层反复地相互重叠出现。层理的构造可分为水平层理、斜层理、交错层理、透镜状层理、波状层理、羽状层理等。要注意观察层理的成分和颜色特征，测量层理的厚度。确定层理出现的层位、厚度以及不同的层理相互更替的规律。

沉积物中还具有各种构造活动现象，例如断裂构造、褶曲构造、冰楔构造、扰动构造、滑动构造、载荷构造、枕状构造等。它们反映了沉积物形成中或形成后的各种地质事件，如冰缘冻土作用、地震、水下滑动、火山爆发等。

沉积物中有时出现具有特殊意义的夹层，如泥炭、古土壤、化石层、含矿层、烘烤层、火山灰层、盐类沉积等，它们对说明沉积物形成历史和地质事件是极好的证据，不仅要仔细观察和描述，还需要采集标本供室内鉴定。它们通常是理想的年代测定样品，可以确定地层时代和地貌年龄。

沉积物胶结程度与沉积物形成时代、矿物成分和地下水条件有关，要观察胶结程度和胶结成分，记录有关的地质现象。海滨和湖滨常有胶结坚硬、但时代很新的沉积物，它们往往是地下水与湖水、海水相互作用，使碳酸钙沉淀而形成的。热带地区的海滩带蒸发作用也可使海滩沉积物胶结。

6. 化 石

化石是沉积物的重要组成部分，常见的化石有脊椎动物、软体动物、微体动物、孢子花粉、昆虫等。其中每一类都已形成专门的研究学科，野外工作中要系统采集可能保存孢粉、微体动物和昆虫化石的样品，以便实验室分析鉴定。在剖面上发现脊椎动物化石要及时采集，在剖面图上注明化石发现的部位。化石标本可在野外初步鉴定并编号。遇到重要的化石地点要进行专门的发掘。第四纪沉积物还保存有人类活动的遗迹，包括使用的工具、灰烬、遗址等。如果在剖面上发现烧土、灰坑、穷土等，要特别注意搜索人类活动的其他证据和文物。

（三）相对地貌年龄

地貌年龄指形成地貌体的地质作用停止的时代。例如阶地的年龄是指它开始抬升，脱离了河流流水作用的时间，阶地顶面沉积物的年龄可代表阶地的年龄。山地的年龄指山体上升，顶面不再堆积沉积物的时间，所以山顶岩层的时代代表了山地的年龄。可见确定地貌年龄的实质是测定构成地貌的沉积物或地层的年龄。

地貌年龄可分为相对年龄和绝对年龄，相对年龄是通过地貌类型相互之间关系，确定它们的先后顺序。绝对年龄是通过测定组成地貌体的沉积物绝对年代来确定的，需要在实验室内进行。

野外判别地貌相对年龄的方法主要有以下几种：

1. 沉积物对比法

查明组成地貌体的各种沉积物之间的相互叠覆关系，从而确定其先后次序。河流的内迭阶地或上迭阶地，较新的沉积物盖在较老的沉积物之上，它们组成的地貌的相对年龄也就确定了。黄土地区可以通过阶地的黄土地层判断它们的新老关系。老的阶地脱离河流作用较早，黄土开始在阶地面上堆积的时间也早，形成较厚的黄土并且发育层数较多的古土壤。较新的阶地面黄土较薄，古土壤层数也少。但是不同时代阶地的黄土顶面时代是相同的，因此阶地时代应从黄土层底面时代算起。近些年来黄土-古土壤序列研究取得了许多新进展，每层黄土和古土壤层的大致年龄已经确定，根据各地貌单元黄土地层及古土壤层数可以判断其年龄。冰碛物之上也可能堆积一定厚度的黄土，也能根据同样方法确定冰碛地貌年龄。

2. 地貌高程法

地壳持续间歇性抬升地区或者湖水面、海水面下降地区可以形成层状地貌。例如山地河流的侵蚀阶地，它们形成的时代越早，高度越大。湖水面持续下降的湖滨地带形成环形的多层湖滨台地。它们位置越高，时代越老。河流两岸的石灰岩地区，有时发育多层水平溶洞。每层溶洞代表一次地壳稳定时期，当时的地下水水平流动形成水平溶洞。以后地壳抬升，水平溶洞脱离地下水的溶蚀，停止发育，而在新的地下水面位置发育新的水平溶洞。所以溶洞位置越高，地貌年龄越老。

高度对比法应用于确定地貌年龄比较普遍。确定阶地、夷平面、古海岸线、古湖岸线等的年龄都常用这种方法。但在水面升降和地壳升降运动两者都存在的情况下，应用这种方法要十分注意。中国东部大陆架海底调查发现许多古海岸线，绝对年龄测定（14C 年龄测定）表明它们的年龄并非按高度顺序排列的，这种现象表明，它们是海平面反复升降过程造成的。构造运动一般都长时间持续向某一方向运动，变换运动方向的周期十分长。而气候引起的海水面、湖水面波动频率要比构造运动升降变化的频率大得多。确定成层地貌年龄时，要充分考虑这些因素。

3．相关沉积法

地壳抬升地区剥蚀和侵蚀下来的物质搬运到下沉区堆积起来，两者之间有相关。一般来讲，抬升区较高的地貌面，如古河道、夷平面等，与沉积区较深的沉积物相对应。抬升区最低的地貌面与沉积区最高的沉积物对比。这个方法对确定抬升区某些无沉积物的剥蚀地形的时代比较有效。为了进一步确定它们之间的关系，可以通过剥蚀区岩石性质与沉积区沉积物组成之间的联系，分析它们形成的顺序。

4．地文期法

20 世纪前半叶，华北地区地文期的研究取得了许多有意义的成果，基本上划分出第三纪以来华北地区的地貌发育阶段，它们在华北地区具有相当普遍的意义。由于这些地文期有相应的沉积物确定其时代，实际上给出了地貌发育阶段的时间表，在目前看来，这些结果仍然是正确的。所以在华北地区进行地貌调查时，可用地文期的对比研究，确定地貌年龄。地文期的研究在本世纪后半叶很少开展，这实际上是一种偏差。如果采用现代年龄测试手段，进一步开展地文期研究，不仅对地貌年龄的确定，而且对华北地区地貌发育历史的研究都有重要价值。

5．风化程度对比

该方法多用于热带地区玄武岩地形研究中。玄武岩喷发后大多形成台地地貌，不同时期喷发的玄武岩所形成的地貌类型、高度差别不大，只是分布范围有所不同。它们所处的环境条件，如气候、地下水、湿度、温度等都基本相同，风化程度较深，风化壳较厚的玄武岩形成时代较早。判断海南岛、雷州半岛的火山熔岩地貌的年龄经常使用这种方法。最早的玄武岩形成典型的铝土矿风化壳、褐铁矿风化壳，相应的玄武岩台地被剥蚀得浑圆、低平。较晚的玄武岩只形成不厚的褐色土风化壳，玄武岩台地基本保存其原始形态。最新的玄武岩台地基本上没有被风化，表面保存有熔岩流动构造。热带地区风化速度较快，海岸阶地的沉积物由于形成时代不同，风化壳厚度差异明显，风化壳发育阶段差别也较大，也可用于对比相对年龄。

冰碛物堆积后，在间冰期经受风化，越老的冰碛物受风化的次数越多；时间越长，风化程度也越高。发育在高寒地区的冰碛物风化速度很慢，较老的冰碛砾石外壳有时只形成一层钙质薄膜，较新的冰碛物表面则没有，据此可以判断它们的相对年龄。钙质薄膜也可用于放射性碳年龄测定。

6．地貌的侵蚀与叠置关系

地貌形成先后不同，它们之间的切割和叠置关系有一定的规律，判断其新老关系的依据类似于地层层序律。一个地貌体叠置于其他地貌单元之上，它一定比下面的地貌体年龄新。地貌体被切割，切割地形的出现一定晚于该地貌体，与切割地形相关的其他堆积地貌也一定比该地貌体年龄新。

7. 化石和其他确定地貌年龄的标志

野外地貌调查时，要注意寻找沉积物中的化石和其他能确定年代的人类活动遗迹。如果发现能确定时代的古脊椎动物化石，便可判断地貌单元的年龄，并以此为标准推测其他地貌单元的相对年龄。较新的阶地沉积物中能发现人类活动遗迹或文物，如古钱、陶片、瓷片等，它们也能帮助确定地貌年龄。

以上是野外条件下确定地貌相对年龄常用的方法，但每一种方法都不可能解决全部地貌相对年龄问题，必须采取多种方法，互相补充，互相印证，综合判断地貌年龄。

二、雷公山自然保护区地貌野外调查识别

（一）河流纵剖面

河流纵剖面的绘制方法有两种：一是根据水文站的河床测量资料，连接各河流断面最低点绘成河流纵剖面线，这种方法得到的剖面线最准确；二是根据大比例尺地形图把沿沟最低点的高程连接成线。绘制的河流纵剖面有时包括整个河流，有时只能绘制某一河段的纵剖面。绘制河流纵剖面是为了解决以下一些问题：

（1）纵剖面是接近于均衡剖面的河段还是比降不连续的河段，一般平原河流多数接近均衡剖面，山区河流往往是不连续的（即有转折）。

（2）在比降不连续河段，确定变化点的河床形态，是否有陡坎、瀑布、浅滩或跌水，其形成与岩性或构造有什么关系。

（3）河谷形态与比降变化的关系，如山间盆地、河流峡谷地段河床比降的变化。

（4）支流的汇入与比降变化的关系。

河流裂点是从某一时间开始河流向源侵蚀达到的位置，其特点就是河流纵剖面比降的转折，地貌上往往表现为陡坎、瀑布、跌水等。裂点的形成往往和构造抬升、断层活动或岩性变化有关，野外应根据实际情况确定裂点的成因，如果是构造抬升或断层活动，则可根据裂点的个数、相互距离等判断构造阶段性抬升的过程或断层活动的次数。

（二）河流阶地

山区河流地貌是流水动力、构造运动、岩性、气候、水文变化等多种因素综合作用的结果，地貌类型最为复杂多变，是地貌调查的关键地区之一。阶地和夷平面是该区最有意义的两种地貌类型，它们是上述因素综合作用的产物，保存了各因素相互作用过程的地质记录。阶地的调查要取得下列有关资料：

（1）确定阶地的类型。区别它们属于侵蚀阶地、堆积阶地、基座阶地、内迭阶地、上迭阶地或曲流阶地。

（2）测量阶地形态。主要测量指标包括河水面高程、阶地前缘和后缘高度、阶地面的宽度、阶地面倾斜方向、阶地面的起伏等。

（3）阶地的组成。侵蚀阶地要观察基岩的岩性、产状、构造，确定阶地与岩性及构造的关系。基座阶地除观察基岩岩性和构造性质外，还要测量基岩面的形态，它的倾斜和起伏变化。基座以上松散沉积物的厚度、分层、岩性和沉积相。要注意划分出河流沉积物之上或其中的其他成因的松散沉积物，如风成沉积、坡积物、崩塌堆积等。

（4）阶地的组合关系，观察各级阶地之间接触和叠复的关系，确定各级阶地发育的部位、发育程度等。注意阶地面的起伏状况，有无天然堤、古河道、牛轭湖、曲流等残留的地貌形态。

（5）阶地与其他地貌类型的关系。观察阶地与谷坡的关系，过渡地带有无坡积物、崩塌堆积或其他堆积。查明阶地与谷坡冲沟之间的关系，每一级阶地都有与之相对应的谷坡冲沟。河流从山区进入另一地貌类型时，如进入平原地区或湖泊时，交界地带河流阶地与另一地貌类型区的地貌发育关系密切，要追索河流阶地与其他地貌类型的过渡关系、对应关系等。

河流阶地的野外调查内容十分丰富，阶地经常是城市和居民点的所在地，或者是优良的农业区，被改造和破坏比较严重。许多其他成因的地貌类型也与阶地形态相似，比较容易混淆。因此阶地调查中要注意以下问题：

a. 支流或支沟汇入主流的地方，经常发育较好的阶地，其高度比主流阶地要高，阶地面倾斜度大，组成物质较粗。必须把它们与主流阶地加以区分，以免在对比阶地时产生误差。

b. 山区阶地经常是重要的农业区，可能有长期开发的历史。注意阶地被人工改造和破坏的情况，切忌把每一个小陡坎都划成一级阶地。要根据阶地组成物质来划分阶地，否则会造成混乱。

c. 阶地不仅是现在居住的主要地区，古人类也大多居住在阶地上。阶地沉积中往往能发现古人类遗迹、化石等。阶地调查中要注意寻找这些遗迹和线索。

d. 阶地沉积物中比较容易发现动物化石、泥炭、埋藏树木等，它们是进行年龄测定的良好标本，要注意寻找和采集，以确定阶地形成时代。

e. 阶地沉积物中可以赋存一些重要的砂矿床，如砂金、金刚石、钨砂等，是寻找砂矿的重点对象。

f. 山区河流两侧谷坡上，常见残留的古老夷平面，它们与现在河流已无密切关系。可是在河流谷地横剖面测量中，夷平面常是重要的组成部分。现在的河流也往往是由夷平面开始下切形成的，所以要观察和描述夷平面的有关内容。

山区阶地调查中，观测点的密度要适当增加，要绘制若干完整的包括两岸山顶的横剖面图，重要地段用经纬仪进行测量。两个河流横剖面之间的河段，要比较均匀地布置观测点。调查河段阶地观测资料要绘制成阶地位相图。取得上述资料后，室内整理时基本能阐明调查区河流发育历史、构造运动、气候变化对河流发育的影响等。

通过野外调查，根据河流阶地的数据和资料应着重总结下列基本问题：

（1）河流阶地的级数、类型，调查河段内阶地高度变化所反映的构造运动。

（2）各级阶地形成的主导因素，辨别构造、气候、水文变化或向源侵蚀等原因形成的阶地。

（3）各级阶地发育的程度及其利用价值。

（4）调查区内河流阶地反映的构造运动总趋势和类型。

（5）阶地沉积物中的矿产。

（6）河流在该区最早出现的时间、发育过程、目前所处的发育阶段，以及应当加以治理的措施。

（三）构造地貌与及重力崩塌地貌

1. 构造地貌

在对雷公山的山地地貌观察时既要横切河谷和分水岭进行观察，同时又要沿河谷和山岭的纵向观察其地貌，首先依据高山、中山、低山、丘陵、平原划分标准对其山地类型进行分区。高山：海拔 3 500～5 000 m，其中相对高度大于 1 000 m 为大起伏高山，500～1 000 m 为中起伏高山，200～500 m 为小起伏高山。中山：海拔 1 000～3 500 m，其中相对高度大于 1 000 m 为大起伏中山，500～1 000 m 为中起伏中山，200～500 m 为小起伏中山。低山：海拔 500～1 000 m，其中相对高度 500～1 000 m 为中起伏低山，200～500 m 为小起伏低山。丘陵：200～500 m，相对高度 50～200 m，小起伏、坡度平缓、坡脚线不明显的正地形。平原：0～200 m，河流堆积或剥蚀夷平，地面起伏不大、面积广阔的地形。波状起伏的剥蚀平原称为准平原。同时，还可对高山，中山、低山按其海拔范围进一步细分为高高山、中高山、低高山；高中山、中山、低中山；高低山、中低山、低山等地貌。依据以上标准，雷公山自然保护区可划分高中山地貌（海拔＞2 000 m），中山地貌（海拔 1 500～2 000 m）和低中山（海拔 1 500～1 000 m）及低山地貌（海拔＜1 000 m）。

雷公山地貌受构造作用强烈抬升并形成众多断裂、节理、裂隙，在流水侵蚀等外力作用下，经历风化、冲刷、崩塌、搬运、堆积等侵蚀剥蚀作用，地表而形成多样的地貌形态类型。在雷公山东侧及西侧，海拔相对较低的低中山及低山地貌区，河流切割强烈，地形破碎，沟谷以育深切，山体地貌多呈脊状，故判识为脊状低中山及低山地貌。雷公山的雷公坪至雷公山山顶的南北走向一线向斜主脊带上，地形平缓，地面上片状侵蚀作用明显，河流溯源侵蚀微弱，几乎没有地表水系，因此地貌呈台状，故判识为台状高中山地貌。在围绕主脊周围，主要雷公山主脊外围的次级山体，山脊平缓，呈波浪状，山坡坡度一般 25°～35°，形成波浪状山体地貌，故判识为波状中山地貌。

2. 重力崩塌地貌

重力崩塌是指斜坡上的岩土块体，在重力作用下，突然发生沿坡向下急剧倾倒、崩落的现象。雷公山形成重力崩塌的基本条件主要有地形、地质和气候条件等。地形条件主要包括坡度和坡地相对高度。坡度对崩塌的影响最明显，一般说来，由松散碎屑组成的坡地，当坡度超过它的休止角时可出现崩塌。由坚硬岩石组成的坡地，坡度一般要在 50°～60°时才能出现崩塌。雷公山山体陡峭，地形切割强烈，坡度大，极易发生崩塌。在地质方面，雷公山岩石的节理和断层较发育，特别是节理发育异常强烈，导致其山坡上岩石破碎，极易发生崩塌。在岩层方面，雷公山多浅变质作用的板岩，岩层间裂隙密集，岩石极易受水的渗透溶蚀作用，而促进岩石的风化破碎。同时，雷公山属于亚热带湿润气候，高温多雨。暴雨增加了岩体负荷，破坏了岩体结构，软化了黏土层夹层，降低了岩体之间的聚结力，从而促进重力崩塌的发生。

因此，对雷公山重力崩塌地貌的观察，需对从崩塌下落的大量石块、碎屑物或土体都堆积在陡崖的坡脚或较开阔的山麓地带，形成的崩塌堆的形态以及崩塌堆里岩石形态、大小以及其里面土壤成分、理化性质等进行识别分析与崩塌山体的相关性进行分析与认识。通常崩塌堆是一种倾卸式的急剧堆积，结构多松散、杂乱、多孔隙、大小混杂而无层理；倒石堆块体的大小从锥底到锥尖逐渐减小；先崩塌的岩土块堆积在下面，后崩塌的盖在上面；由于每次崩塌的强弱不同，形成碎屑大小不等的近似互层，因此，有时在倒石堆剖面上可以看到假层理等现象。

第七章 自然地理野外实习资料整理与报告撰写格式

一、野外实习资料的整理

对野外观察记录、调查取样、采集标本、资料收集等方面资料的整理，是完成实习工作总结、圆满完成实习任务的重要步骤。同时，通过实习资料整理与实习报告撰写能将野外实习过程进行文字、图件资料的转化，有利于记录资料、数据，使实习过程的收获从感性认识转化为理论成果。通过资料整理还有利于将取得的各种资料系统化和条理化，便于深入系统地对实习调查获得的各种材料进行分析研究，以科学的思维找出其规律性，为进行综合研究创造条件。

（一）植物地理与生态实习资料整理与总结

对植物地理与生态野外实习的资料整理，主要针对雷公山自然保护区进行植物形态植物品种识别、植物形态观察、植物标本采集、植物标本制作、植物特征野外记录与描述、植被调查样方设计、样方植被属性特征调查、植被样方生态系统数量特征调查、雷公山态系统生物多样性分析等方面调查获得的资料、数据与影像进行整理与总结。主要包括各类调查记录表统计与分析，植物标本室内制作与鉴定，植物形态特征描绘方面总结，样方内植物或植物群落结构的统计与分析，样方植物群落生活型的统计分析，样方植物数量特征统计分析，雷公山自然植物群落物种多样性统计分析，以及雷公山生态系统的非地带性分异规律等方面的资料与数据的整理与总结。

（二）土壤地理学实习资料整理与总结

对土壤地理学野外实习资料整理，主要针对雷公山自然保护区土壤调查过程中土壤类型与特征的调查、土壤剖面的挖掘与分析、土壤样品的采取、土壤理化性质的野外识别、土壤剖面生境调查、土壤分布路线图的绘制、不同土壤类型特征比较认识等方面调查的资料、图件、数据等进行整理与总结。包括各类野外调查记录表、绘制土壤草图、土壤标本和样品，以及对调查土壤摄制的影像等。

野外记录要求及时整理，并在此基础上进行综合整理。在野外调查过程中，由于时间和工作条件的限制，有些实习内容不能详细记载，回到室内要及时对调查内容进行详细追记；对一些含糊不清的内容或问题，一定要抽时间去实地补查。将记录的有关土壤类型与性状、植物群落组成与特征、环境条件状况的数量统计数据应及时登记到一个地理生态系列表中，便于进行综合整理与分析。对野外土壤样品、标本等，应及时按标准处理方法，认真进行室内处理与分析，并将成果进行统计与整理。同时，对在野外绘制的各类土壤图件，应进行补充与完善，以达到准确反映调查土壤类型的特征。最后，在整理归纳实习调查地有关资料与数据的基础上，结合已有的资料文献和师生的交流成果，可进行实习土壤综合分析，以深入了解实习地区土壤类型、诊断特性、组成结构及其地域分异规律，了解区域人类活动对土壤特征的影响。

（三）地质、地貌实习资料整理与总结

对地质、地貌野外实习资料的整理与总结，主要针对雷公山自然保护区的地形、地貌识别与判读，岩层定量测定的方法与数据记录，岩石类型识别与判断记录，重力地貌观测，河流地貌观测，构造地貌（褶皱、断层、节理）观测，雷公山地貌类型特征与分布的分析与总结，雷公山地质构造地貌分布，雷公山水文地质结构特征等方面进行调查，对获得的数据、资料、影像等进行整理与总结（主要包括地形地貌识别与观察记录表、不同岩石类型鉴定记录表、岩层特征量测记录表、不同地貌类型的观测记录表、雷公山水文地质记录与分析表等方面的资料与数据的整理与总结）。

二、自然地理野外综合实习报告撰写格式

在对野外实习进行总结的过程中，不仅可以撰写实习总结报告，还可以专题性科技论文形式进行分析、研究总结。专题性科技论文是综合分析野外实习各种调查成果的基础上撰写而成的，它要求撰写内容更有侧重点。它要求对实习调查区内的植物、土壤或生态环境系统中特有方面的资源与生态环境特征或问题进行深入分析与研究，并与社会经济紧密结合起来。如对雷公山自然保护植被生物多样性特征的分析、雷公山自然保护区世界遗产特征分析等。

自然地理野外实习报告是野外实习工作的总结和重要表现形式，编写报告是培养学生独立分析问题、从事科研的能力必不可少的环节，要求每个人都能动手写。自然地理野外综合实习报告要求文字简明扼要，分析已经整理和总结的资料与数据。具体要求：对实习内容进行翔实撰写；文字简明扼要、逻辑性强、准确；对实习资料与数据进行条理清晰的分析；运用课本理论知识对野外实习数据与资料进行深入透彻分析。通常在撰写实习报告前还需要拟好详细的撰写提纲。实习报告撰写提纲与内容可参考如下格式：

一、《题目》

实习报告的题目应该体现实习的基本内容，通常要求冠以实习地区的名称。如可拟为"雷公山自然地理野外综合实习报告"等。

×××自然地理野外实习报告书

二、实习目的及意义

（一）实习目的

（二）实习意义

三、实习地概况

（一）地理位置与区域概况

（二）气候概况

（三）地质、地貌概况

（四）土壤概况

（五）植被概况

（六）植被、土壤的生态系统特征分析

四、实习内容的方法和原理

（一）地质、地貌调查方法与原理

1. 仪器的使用方法与原理

2. 地质、地貌野外调查方法

（二）植被调查方法与原理

1. 仪器的使用方法与原理

2. 植被野外调查方法

（三）土壤调查方法与原理

1. 仪器的使用方法与原理

2. 土壤野外调查方法

（四）生态系统方法与原理

1. 仪器的使用方法与原理

2. 生态系统野外调查方法

五、实习路线及调查内容

（一）实习线路 1 概况及调查内容

对各观察点及样地的调查与观察

（二）实习线路 2 概况及调查内容

对各观察点及样地的调查与观察

（三）实习线路 3 概况及调查内容

　　　　：

对各观察点及样地的调查与观察

六、实习收获与总结

全面而概要地总结野外实习过程取得的收获、主要成果，以及在实习过程中还存在的问题与不足，认真总结实习过程中的经验和教训，积极提出今后学习与实习过程的建议。

七、参考文献

八、附图

参考文献

[1] 崔晓阳. 土壤资源学[M]. 北京：中国林业出版社，2007.

[2] 高抒，张捷. 现代地貌学[M]. 北京：高等教育出版社，2006.

[3] 盖媛瑾. "共生理论"视角下的自然保护区社区共管研究——以贵州雷公山国家级自然保护区为例[J]. 贵州师范学院学报，2013，29（1）：20-24.

[4] 甘天箴，穆彪. 雷公山自然保护区气候考察报告[J]. 贵州农学院学报，1988（1）：15-22.

[5] 顾先锋，唐秀俊. 自然保护区生物多样性保护与社区经济发展的探讨——以贵州雷公山国家级自然保护区为例[J]. 宁夏农林科技，2013，54（10）：77-79.

[6] 黄昌勇. 土壤学[M]. 北京：中国农业出版社，2000.

[7] 黄勤身. 雷公山东南地区森林土壤资源评价[J]. 贵州农业科学，1981（4）：48-53.

[8] 黄锡荃. 水文学[M]. 北京：高等教育出版社，1993.

[9] 贺学礼. 植物学实验实习指导[M]. 北京：高等教育出版社，2004.

[10] 金银根. 植物学[M]. 北京：科学出版社，2006.

[11] 李天杰. 土壤地理学[M]. 北京：高等教育出版社，2004.

[12] 刘俊民，余新晓. 水文水资源学[M]. 北京：中国林业出版社，1999.

[13] 刘胜祥，黎维平. 植物学[M]. 北京：科学出版社，2007.

[14] 马丹炜，张宏. 植物地理学[M]. 北京：科学出版社，2008.

[15] 马丹炜. 植物学实验与实习教程[M]. 北京：科学出版社，2009.

[16] 毛文洁，傅凤鸣，刘正西. 黔东南林区宜杉的生态环境及其形成机理[J]. 福建林业科技，2003，30（3）：120-122.

[17] 毛志中，朱顺才. 雷公山区的生态地质特点[J]. 贵州林业科技，1989，7（1）：19-29.

[18] 牛翠娟，娄安如，孙儒泳. 基础生态学[M]. 北京：高等教育，2007.

[19] 潘剑群. 土壤调查与制图[M]. 北京：中国农业出版社，2010.

[20] 邱显权. 秃杉在雷公山区的地位和生态作用[J]. 贵州林业科技，1991，19（1）：16-20.

[21] 宋青春，邱维理，张振春. 地质学基础[M]. 北京：高等教育出版社，2005.

[22] 宋永昌. 植被生态学[M]. 上海：华东师范大学出版社，2002.

[23] 孙儒泳，李博，诸葛阳，等. 普通生态学[M]. 北京：高等教育出版社，1992.

[24] 孙儒泳，李博，诸葛阳，等. 普通生态学[M]. 北京：高等教育出版社，1993.

[25] 田明中，程捷. 第四纪地质学与地貌学[M]. 北京：地质出版社，2009.

[26] 王斌，梁芬，陆代英，等. 贵州雷公山保护区生物多样保护与生态旅游开发[J]. 吉林农业，2011，253（3）：233-234.

[27] 王家强, 彭杰, 柳维扬. 土壤地理学实验实习指导[M]. 成都: 西南财经大学出版社, 2014.

[28] 王建. 现代自然地理学实习教程[M]. 北京: 高等教育出版社, 2006.

[29] 王红旗. 土壤环境学[M]. 北京: 高等教育出版社, 2007.

[30] 魏智学. 植物学野外实习指导[M]. 北京: 科学出版社, 2008.

[31] 武吉华, 张绅, 江源. 植物地理学[M]. 北京: 高等教育出版社, 2004.

[32] 武吉华, 刘濂. 植物地理实习指导[M]. 北京: 高等教育出版社, 1983.

[33] 吴泰然, 何国琦. 普通地质学[M]. 北京: 北京大学出版社, 2003.

[34] 伍光和, 蔡运龙. 综合自然地理学[M]. 北京: 高等教育出版社, 2004.

[35] 谢元贵, 田凡, 刘济明, 等. 贵州雷公山甜槠栲群落优势树种生物量研究[J]. 贵州林业科技, 2014, 42 (1): 1-6.

[36] 谢镇国, 王子明, 谢双喜. 雷公山保护区森林生态系统现状初步分析[J]. 现代农业科学, 2009, 16 (6): 87-88.

[37] 熊黑钢, 陈西玫. 自然地理学野外实习指导: 方法与实践能力[M]. 北京: 科学出版社, 2010.

[38] 杨坤光, 袁晏明, 张先进, 等. 地质学基础[M]. 北京: 中国地质大学出版社, 2004.

[39] 杨恕良. 雷公山的垂直自然带[J]. 地理学与国土研究, 1988, 4 (3): 55-60.

[40] 杨士弘. 自然地理学实验与实习指导[M]. 北京: 科学出版社, 2001.

[41] 张凤太. 雷公山自然保护区生态旅游发展潜力的评价研究[J]. 中国农学通报, 2012, 28 (08): 116-123.

[42] 章家恩. 生态学野外综合实习指导[M]. 北京: 中国环境科学出版社, 2012.

[43] 祝廷成, 钟章成, 李建东. 植物生态学[M]. 北京: 高等教育出版社, 1988.

[44] 郑公望, 夏正楷, 莫多闻, 等. 地貌学野外实习指导[M]. 北京: 北京大学出版社, 2005.

[45] 周政贤, 姚茂森. 雷公山自然保护区科学考察集[M]. 贵阳: 贵州人民出版社, 1989.

[46] 朱鹤健. 土壤地理学[M]. 北京: 高等教育出版社, 1992.

附图3.2 巴拉河季刀寨河谷阶地地貌

附图3.3 巴拉河季刀寨河谷江心洲地貌

附图3.4 季刀寨深灰色变余凝灰岩

附图3.5 季刀寨岩层走向测定

附图3.6 季刀寨岩层倾角测定

附图3.7 头花蓼草,季刀寨

附图3.8 甜槠,季刀寨

附图3.9 白岩村对面脊状中低山地貌

附图3.11 雷公山景区大门处浅灰色变余砂岩

附图3.10 雷公山景区大门重力崩塌堆积地貌

附图3.13 杉树，景区大门

附图3.14 板栗，景区大门

附图3.12 葛根，景区大门

附图3.15 响水岩瀑布与V形河谷

附图3.16 马尾松，响水岩

附图3.17 脊状中低山地貌

附图3.18 乌东村新建公路挖出巨大崩塌块

附图3.19 乌东村浅灰色变余砂岩

附图3.20 响水岩河谷中巨大石块

附图3.21 木荷，乌东村

附图3.22 水青冈，乌东村

附图3.23 康利水厂路口右侧绢云母板岩

附图3.26 格头村老秃杉树（1）

附图3.27 格头村老秃杉树（2）

附图3.24
康利水厂路口左侧粉砂质绢云母板岩

附图3.28 格头村秃杉保护碑

附图3.29 格头村公路炭质绢云母千枚岩

附图3.30 方祥镇河谷地貌

附图3.31 方祥镇陡寨村脊状低山地貌

附图3.32 黄皮树,陡寨村

附图3.33 雷公坪山腰脊中低山及波状中山

附图3.34 华山松,雷公坪山腰

附图3.35 凹叶木兰,雷公坪山腰

附图3.36 雷公坪山腰山地黄壤剖面

附图3.37 雷公坪山腰树林样方调查

附图3.38 雷公坪台状高中山地貌（冬季相）

附图3.39 雷公坪台状高中山地貌（夏季相）

附图3.40 雷公坪山腰上部灌草丛

附图3.41 南方红豆杉，雷公坪山腰上部

附图3.42 野樱桃，雷公坪山腰上部

附图3.43 圆锥绣球，雷公坪山腰上部

附图3.44 蕨，雷公坪山腰上部

附图3.45 锦香草，雷公坪山腰上部

附图3.46 雷公坪盆地

附图3.47 雷公坪盆地内草丛及箭竹（冬季相）

附图3.48 雷公坪盆地植被（夏季相）

7

附图3.49 雷公坪泥炭藓沼泽土

附图3.50 湖北海棠，雷公坪盆地周边

附图3.51 箭竹，雷公坪盆地

附图3.53 小丹江四道瀑景区（冬季相）

附图3.54 小丹江四道瀑景区（夏季相）

附图3.55 甜槠，小丹江四道瀑

附图3.56 甜槠果实，小丹江四道瀑

附图3.57 中华里白，小丹江四道瀑

附图3.58 五裂槭，小丹江四道瀑

附图3.59 白花檵木，小丹江四道瀑

附图3.60 地念，小丹江四道瀑

附图3.61 狗脊蕨，小丹江四道瀑

附图3.63 杉树林山地黄壤剖面，桥房村

附图3.62 四道瀑景区脊状低山地貌

附图3.64 枫香树，桥房村

附图3.65 罗伞，桥房村

附图3.66 铁芒萁，桥房村

附图3.67 青冈栎，桥房村

附图3.69 绢云母板岩

附图3.68 山地黄棕壤剖面，方祥与小丹江分路口

附图3.70 波状中山地貌及灌木植被

附图3.71 雷公山山顶绢云母板岩

附图3.72 雷公山山顶台状高山地貌

附图3.73 雷公山山顶波状中山地貌

附图3.74
山地灌丛草甸土（雨后），雷公山山顶

附图3.75 箭竹，雷公山山顶

附图3.76 圆锥绣球，雷公山山顶

附图3.77 大白杜鹃，雷公山山顶

附图3.78 四川花楸，雷公山山顶

附图3.79 苔藓，雷公山山顶

附图3.80 朝天罐，雷公山山顶

附图3.81 茜草，雷公山山顶

附图3.82 黄扬树，雷公山山顶